LA

MISSION DE MANDCHOURIE

PAR

LE P. A. LAUNAY

TOURS

MAISON ALFRED MAME ET FILS

LA MISSION

DE MANDCHOURIE

2ᵉ SÉRIE GRAND IN-8ᵉ

Porte de Tie-ling. (D'après une photographie.)

LA MISSION

DE

MANDCHOURIE

PAR

LE P. A. LAUNAY

LAURÉAT DE L'ACADÉMIE FRANÇAISE
ET DE L'ACADÉMIE DES SCIENCES MORALES ET POLITIQUES

TOURS

MAISON ALFRED MAME ET FILS

LA MISSION

DE MANDCHOURIE

I

La Mandchourie est un pays d'aspects divers, offrant à l'œil étonné des déserts, des prairies, des régions champêtres, des forêts touffues, des montagnes qui se dressent à cinq cents et à mille mètres au-dessus des vallées, tantôt isolées, tantôt courant en chaînes continues et se divisant en nombreuses ramifications.

Au sud s'ouvre la belle et fertile vallée du Leao, large de quatre cent cinquante kilomètres et longue de quinze cents.

Au nord, dans le bassin du Soungari, s'étendent de vastes prairies dont les herbes s'élèvent à deux mètres de hauteur et se mêlent au feuillage des arbrisseaux ; c'est à la hache qu'il faut s'y frayer un chemin, à moins qu'on n'y suive les sentiers tracés par les fauves.

Sur la plupart des montagnes du nord, les pentes sont vertes jusqu'à la cime ; des forêts emplissent les vallées intermédiaires, et les chênes, les ormes, les saules sont assez nombreux et rapprochés pour qu'on chemine pendant quelques heures sous leur épais ombrage.

Du haut de quelques sommets, on contemple un océan de verdure roulant au loin ses vagues d'herbes, de vallée en vallée et de montagne en montagne jusqu'à l'extrême horizon.

Jetez sur cette nature le manteau d'un hiver sibérien qui fait descendre le thermomètre à 35°, quelquefois plus, et dure du mois d'octobre au mois de mars, l'éclat d'un printemps rapide comme une fleur qui s'entr'ouvre le matin pour se flétrir le soir, la grande lumière et l'accablante chaleur d'un été tropical de 35° ou 40° au mois d'août, et vous aurez de la Mandchourie ce qu'en donne un coup d'œil général, ce qu'en posséderait un voyageur emporté par un train rapide ; mais cet aperçu trop vague ne suffit pas.

Étudions donc plus en détail les particularités de ses limites, les accidents de ses côtes, ses montagnes, ses fleuves si long-temps congelés, ses productions variées, ses villes princi-pales, ses habitants, sa législation, sa langue et sa reli-gion.

Des limites de l'est et de l'ouest, citons ces deux particula-rités :

A l'est existe le territoire de Pien-ouai, autrefois séparé par une palissade qui commençait près de Kaou-limeun, simple maisonnette décorée du titre de porte de Corée ; autrefois il était défendu d'y séjourner même une nuit, actuellement les Chinois l'habitent et le cultivent, et bientôt ne laisseront plus qu'un souvenir de la palissade et de la défense.

A l'ouest, encore une palissade, celle des Saules, lignes de forêts qui s'étendaient entre la Mandchourie et la Mongolie, et dont il reste quelques massifs d'arbres, seuls survivants des plantations faites par l'empereur Kang-hi.

La porte de Fa-Kou, qui garde le « grand passage » vers la Mongolie, encore moins imposante que la porte de Corée,

se composait naguère simplement de quelques pieux entre
lesquels on tend une chaîne pendant la nuit.

Entre ces limites courent des chaînes de montagnes dont la
principale est le Chan-Alin, montagne blanche, ainsi nommée
de l'éclat de ses roches calcaires et de son diadème de glaces;
elle est célèbre dans les traditions légendaires des Mandchoux
et regardée comme le berceau des premiers chefs de la nation.

C'est un massif qui commence à la limite septentrionale de
la Corée, et dont les pics neigeux dépassent trois mille mètres
d'altitude; après avoir parcouru plus de mille kilomètres, il se
termine au confluent de l'Ossouri et du Saghalien.

Au sud, la chaîne de montagnes est entrecoupée de chaî-
nons transversaux entre lesquels s'ouvre la vallée du Leao,
arrosée et fertilisée par le Leao-ho, navigable sur une longueur
de dix-huit cents kilomètres, par le Houn-ho (fleuve rouge) et
par le Tai-tse, sans cesse sillonnés de petites embarcations de
pêcheurs et de marchands, de radeaux de bois ou de charbon.

Laissons tranquillement couler les flots du Nonni, ce fleuve
de l'extrême-nord qui baigne Tsi-tsi-kar, et parlons plus longuement du Soungari, que la blancheur de ses eaux, pendant
plusieurs mois de l'année, a fait décorer du nom poétique de
« Fleur de lait ».

A certains endroits il a de un à deux kilomètres de large, et
sur ses berges limoneuses les hirondelles nichent par myriades;
pendant les grandes crues de l'été, c'est une mer en mouvement semée d'îles où se réfugient en nuée les oies sauvages,
les cygnes et les canards. Les barques s'égarent à la recherche
du véritable rivage dans les petites rivières qui sont ses tribu-
taires.

La vitesse du courant est de quatre kilomètres à l'heure
dans les parties basses, et de cinq kilomètres dans les parties
montagneuses.

Les bords du fleuve ainsi que les vallées voisines sont couverts d'une végétation exubérante, de buissons, de hautes herbes, qui forment par places des touffes impénétrables.

En amont de la ville de San-sing, les pentes des montagnes qui encadrent le fleuve présentent d'épaisses forêts de bouleaux, de chênes et de noyers.

Le cours du fleuve est très tortueux ; souvent plusieurs bras s'en détachent et s'en écartent à cinq, six et même huit kilomètres, formant des îles basses couvertes de roseaux.

Au XVIᵉ et au XVIIᵉ siècle, les cosaques Stepanov, Khabarov et autres signalèrent l'existence du Soungari.

En 1653-56, Stepanov s'aventura sur le fleuve même, mais il fut repoussé par la flottille chinoise portant trois mille hommes armés.

Depuis cette époque les choses restèrent à peu près dans cet état jusqu'au traité d'Aïgoun signé en 1858 ; les marchands russes acquirent alors le droit de naviguer et de trafiquer sur le fleuve ; mais le premier d'entre eux qui s'avança ainsi sur la foi des traités jusqu'à San-sing y fut assassiné en 1861.

Une exploration scientifique fut faite bientôt après, en 1864, par Oussoltzev et le prince Kropatkine, qui firent entendre pour la première fois le sifflet du steamer dans ces solitaires et sauvages régions ; ils furent suivis par d'autres voyageurs et par des commerçants. Mais ceux-ci se heurtèrent à la mauvaise volonté des autorités chinoises, qui surveillaient jalousement ces parages.

Récemment encore, en 1890, les Célestes entreprirent la construction de toute une série de forts entre le Soungari et l'Ossouri, destinés à protéger l'empire du Milieu contre l'envahissement toujours redouté des Russes, dont les bateaux à vapeur sillonnent l'Ossouri pendant l'été, et sont remplacés pendant l'hiver par les traîneaux de poste jusqu'à Kabarovka, ville importante où nous retrouverons plusieurs missionnaires de Mandchourie qui y séjourneront avant de s'embarquer sur le Saghalien.

Ce dernier fleuve sépare la Mandchourie de la Sibérie ; son cours a plus de quatre mille kilomètres, presque deux fois la longueur du Danube. Ses eaux présentent un aspect noirâtre ; vues dans un verre, elles ont encore la nuance d'une légère infusion de thé. C'est de là sans doute que viennent les noms donnés au fleuve par les peuples de l'Asie : Sakhalinoula en mandchou et Karamouran en mongol, qui signifient également « Fleuve noir ».

De Sakhalin, les géographes et les philologues européens ont fait Saghalien, et de Mouran ils ont fait Amour. Ne nous plaignons pas trop de ces changements ; d'autres noms, d'autres hommes et d'autres choses en ont subi de plus désagréables.

La nature du sol diffère suivant les régions. Toute la vallée du Leao-tong, à l'exception de la zone littorale salifère, est formée de dépôts d'alluvions très fertiles. Les terrasses des montagnes qui bordent la vallée sont de sable argileux ; au pied des montagnes orientales s'étendent des terrains formés de détritus de roches cristallines.

Les richesses que recèle la terre de Mandchourie sont encore insuffisamment connues. On a constaté cependant la présence du cuivre, du plomb, celle de la houille et du minerai de fer, dont les gisements principaux se trouvent dans la province de Ghirin, de l'or dans les vallées latérales de l'Ossouri ; mais l'exploitation du précieux métal, que ceux qui ne peuvent le posséder qualifient de vil, était sévèrement défendu par la Chine, et les chercheurs d'or considérés comme criminels d'État.

La flore présente des caractères intermédiaires entre celle de la Sibérie et de la Chine. Le sol est généralement fertile, et les terrains défrichés sont favorables à la culture.

Parmi les produits agricoles, la première place appartient

aux légumineux, qui sont consommés sur place ou exportés. Viennent ensuite le millet, le sorgho, qui sert de nourriture à l'homme et aux animaux, et dont on fabrique des petits gâteaux et de l'eau-de-vie, l'un pour arroser l'autre, le maïs, le froment de qualité médiocre, la pomme de terre, le lin, l'orge, le sésame, le tabac.

En 1841, à l'arrivée de Mgr Verrolles, les habitants de Mandchourie cultivaient très peu l'indigo et pas du tout le pavot ; aujourd'hui, les champs d'indigotier couvrent de vastes espaces, et le pavot, répandu un peu partout, donne d'assez gros bénéfices, quoique l'opium qu'il fournit soit vendu moins cher que celui de l'Inde. Cette dernière culture est même défendue par la loi ; mais s'il est avec le ciel des accommodements, il en est bien davantage avec les mandarins.

La plante la plus fameuse de la Mandchourie est certainement le jen-sen. Un proverbe chinois dit :

« L'orient de la Barrière des pieux (Mandchourie) produit trois trésors : la zibeline, l'herbe oula et le jen-sen. »

« Lorsque les forces vitales manquent, totalement épuisées, et que le moribond va trépasser, écrivait Mgr Verrolles en 1843, donnez-lui le poids de quelques grains de jen-sen, il revient à la vie ; continuez chaque jour, et sa vigueur renaît aussitôt, et vous pouvez le soutenir encore plusieurs mois. Le prix du jen-sen est exorbitant, c'est presque incroyable : près de cinquante mille francs la livre ! »

On trouve encore dans les forêts et dans les vallées latérales du Soungari la martre zibeline, dont la fourrure est si précieuse : l'empereur et quelques grands mandarins auxquels il le permet peuvent seuls s'en revêtir ; le peuple ne doit s'en faire que des collets et des bouts de manches.

Comme la majorité de la population mandchoue s'adonne à la chasse, à l'agriculture et à l'élevage du bétail, l'industrie est fort peu active.

Carte de la Mandchourie.

Échelle de 0,0075 pour 100 kilom.

Les seules industries locales de quelque importance sont la préparation de l'huile et celle de l'eau-de-vie ; même dans le voisinage des grandes forêts du nord, en dehors des régions de la colonisation chinoise, on remarque avec étonnement des maisonnettes surmontées de hautes cheminées : ce sont des distilleries d'eau-de-vie de sorgho. Les Mandchoux boivent souvent cette liqueur, suivant leur propre expression, « jusqu'à l'oubli du bien et du mal. »

Le commerce est grand dans le Leao-tong, qui, par sa position, est naturellement le rendez-vous des peuples mongols, toungous, chinois, mandchoux et coréens.

Dans le nord, il prend depuis quelques années des développements assez considérables, grâce à l'émigration chinoise qui devient de plus en plus forte et aux négociants européens établis sur le Saghalien et dans les possessions russes, à Vladivostok, à Kabarovka[1] et à Nicolaïewsk.

On trouve parmi ces derniers quelques Français, dont les maisons ne sont pas sans faire honneur à notre pays[2].

<hr>

II

Habitants. — Villes principales

C'est assez, c'est même beaucoup et peut-être trop discourir des fleuves, des montagnes et des productions ; les géographes nous absoudront, mais les historiens préfèrent les hommes aux choses. Parlons donc de la population.

[1] Quelques voyageurs écrivent Habarovka.
[2] Particulièrement la maison Ninaud.

Sont-ce des Mandchoux qui habitent le pays de Mandchourie? Que sont les Mandchoux et d'où viennent-ils?

L'origine des Mandchoux n'est pas d'une parfaite clarté, la légende s'y mêle à l'histoire et parfois la remplace.

Dans l'ouvrage intitulé : *Véritables usages de l'empereur Tai-tsou,* il est dit que la fille du Ciel étant descendue sur les bords du lac Dou-Kouri, situé au-dessus des montagnes Blanches (Tchang-pai-chan), goûta d'un fruit rouge, l'avala, conçut et mit au monde un fils rempli des dons célestes. Il parla dès le moment de sa naissance. Devenu grand, il s'amusait parfois à parcourir le lac sur un tronc d'arbre creusé en forme de nacelle. Un jour, il se laissa aller au courant de l'eau; sa nacelle s'arrêta en un lieu où se tenait une assemblée tumultueuse pour l'érection d'un souverain.

Trois chefs de famille se disputaient le pouvoir. Chacun d'eux avait ses partisans à peu près égaux en nombre et en forces, et l'élection semblait impossible, lorsqu'un des assistants aperçut le jeune homme et s'enthousiasma de son admirable beauté.

« Merveille! s'écria-t-il, merveille! que toute discussion cesse entre nous. Le ciel nous envoie un chef, je viens de l'apercevoir sur le lac. »

Tous coururent vers le rivage, et deux des chefs s'adressant à l'étranger :

« Aimable jeune homme, illustre enfant, qui êtes-vous? lui demandèrent-ils.

— Je suis le fils de la fille du ciel; mon nom est Kioro d'or, et le Ciel lui-même m'envoie terminer vos disputes et faire régner parmi vous la concorde et l'union. »

Aussitôt des vivats éclatent et les deux chefs qui ont porté la parole étendent leurs bras, entrelacent leurs doigts, formant ainsi un trône improvisé pour l'étranger.

« Voilà, voilà, s'écrient-ils, le roi que le Ciel nous envoie, il ne nous en faut pas d'autre. »

Tel est le premier ancêtre de la famille mandchoue qui gouverne aujourd'hui la Chine. La légende a parlé, écoutons maintenant l'histoire.

Les Mandchoux appartiennent à la grande famille tartare connue sous le nom de Huns.

Vers l'an 50 de notre ère, vaincus par les Chinois, les Huns en grand nombre quittèrent leur pays et se répandirent vers l'Occident, poussant devant eux les hordes barbares qui vinrent ensemble ravager l'empire romain au commencement du ve siècle.

Quelques tribus cependant n'avaient pas suivi ce mouvement d'émigration ; elles se reformèrent peu à peu et devinrent redoutables aux peuples voisins.

Sous la conduite du fameux Gengis-Khan, les Huns se répandirent comme un affreux torrent en Chine, dans l'Inde et la Perse, en Syrie, en Moscovie, en Pologne, dans la Hongrie et l'Autriche.

Au xiiie siècle, un petit-fils du conquérant Koubilai s'empara de la Chine et devint le fondateur de la dynastie des Yuen, qui occupa le trône pendant un siècle ; il fit ensuite place à la dynastie chinoise des Ming.

Mais, vaincus en Chine, les Tartares se cantonnèrent dans leurs vastes steppes, et un de leurs princes, Tamerlan, renouvela les exploits de Gengis-Khan, conquit toute l'Asie occidentale et fit trembler l'Europe à la fin du xive siècle.

C'est vers cette époque qu'il faut placer la division des Tartares en deux grandes branches principales : les Tartares occidentaux, désignés sous le nom de Mongols, et les Tartares orientaux, qui prirent le nom de Mandchoux.

Un des chefs de ces derniers, Han-Ouang, réunit de gré ou de force dix-sept tribus sous son autorité, fonda le royaume de Mandchourie et fit de Moukden sa capitale.

En 1616, sa puissance était si bien établie qu'il ne craignit pas de signaler à l'empereur de Chine les griefs dont il avait, disait-il, à se venger. Ce hardi manifeste finissait par ces mots :

« Pour venger ces sept injures, je vais réduire et subjuguer la Chine. »

Surpris par la mort en 1626, il n'eut pas le temps d'accomplir sa menace.

L'honneur de conquérir la Chine était réservé à Souen-tche[1], son petit-fils, qui s'empara de Pékin en 1644. Avec lui les Tartares mandchoux devenaient les maîtres de l'empire du Milieu.

Telle est, très succinctement résumée, l'histoire politique des Mandchoux jusqu'à la conquête de la Chine.

A cette première époque, les Russes faisaient leurs premières tentatives sur le Saghalien et sur l'Ossouri. Vassili Poyarkov, à la tête de cent vingt-sept cosaques, explorait les deux fleuves, en relevait le cours, imposait aux Ghiliakso un tribut de fourrures. Le récit de cette aventureuse expédition s'étant répandu, les chasseurs multiplièrent leurs excursions dans ces régions nouvelles.

Le plus fameux de ces traitants flibustiers et pillards fut Paulovich Kabarov, dont nous avons déjà parlé plus haut ; en 1651, il commença la campagne sur le Saghalien, chassa de leurs postes les chefs daouriens, construisit le fort Albazin, dont il fit une sorte de dépôt et de place d'armes ; puis, continuant ses conquêtes, il lança partout ses embarcations sur le fleuve, enleva d'assaut les forts, incendiant les uns, rasant les autres après les avoir pillés.

Les Tartares mandchoux voulurent s'opposer à l'aventurier ; ils furent vaincus, mais après une bataille sanglante qui fit perdre à Kabarov la moitié de ses soldats.

---

[1] Appelé Chun-tchi par les Chinois.

Des renforts allaient lui permettre de continuer ses conquêtes, lorsque des contestations survinrent avec le chef des
nouveaux venus, et Kabarov fut rappelé à Moscou.

Le conquérant du Saghalien fut accueilli avec honneur, on
lui conféra le titre de *fils de boyard* et de recteur d'un district de la Léna. Il y mourut quelques années après sans avoir
revu les plaines de Mongolie ; sa famille existe encore, et son
nom est resté populaire dans toute la Sibérie orientale.

Cependant Khang-hi, inquiet du voisinage des Russes, fit
couvrir de défenses la frontière du nord, envoya des forces
considérables qui remportèrent plusieurs victoires et chassèrent
les envahisseurs.

Bientôt ceux-ci revinrent à la charge. La guerre traînait en
longueur, avec des alternatives de succès et de revers, lorsque
les deux gouvernements conclurent le traité de Nertchensk, le
27 août 1689.

La Chine cédait à la Russie la rive droite de l'Argoun, mais
lui refusait le Saghalien.

Les Russes reculèrent devant le fleuve entrevu, qui, pendant un siècle et demi, devait rester fermé à leurs convoi-
tises.

En dehors de ces événements particuliers qui se passent
dans l'extrême nord et qui auront un corollaire que nous
raconterons en son temps, la Mandchourie partage le sort et
les sentiments de la Chine ; elle s'enorgueillit des souverains
habiles que les relations des missionnaires ont fait connaître
à l'Europe : Kang-hi, Yong-tching, Khien-long ; elle frémit
de colère ou tremble de peur lors des expéditions anglaises et
françaises à Canton, sur le fleuve Bleu, à Pékin ; elle voit les
Russes s'emparer d'une partie du pays qu'elle considérait
comme sien, et doit, bien malgré elle, ouvrir ses ports aux
navires d'Occident.

Avant la conquête de l'empire du Milieu par les Tartares, la grande muraille, soigneusement gardée par les Chinois, défendait aux Mandchoux l'entrée de la Chine ; réciproquement, l'entrée de la Mandchourie était interdite aux Chinois.

Depuis lors, aucune frontière ne sépara les deux peuples. La grande muraille fut franchie ; les populations chinoises du Tche-li et du Chan-tong, resserrées dans leurs étroites provinces, se répandirent comme une avalanche dans les immenses plaines de la Mandchourie, et quelques années suffirent pour faire disparaître à peu près tout ce qui pouvait rappeler le souvenir des anciens possesseurs.

Les Mandchoux ont imposé aux vaincus la tresse ou la queue, c'est la marque de leur conquête. Mais les Chinois ont fait plus. Maintenant, on peut parcourir la Mandchourie jusqu'au fleuve Amour avec l'illusion d'être dans quelque province de Chine. La couleur locale s'est à peu près complètement effacée.

Le peuple mandchou disparaît de jour en jour et se fond dans l'élément chinois ; vainqueur par l'audace de ses chefs et la valeur de ses armes, il s'est laissé vaincre dans ses mœurs, ses coutumes, ses usages et son langage, par les vaincus [1].

Les populations auxquelles Mgr Verrolles, ses collaborateurs et ses successeurs ont annoncé ou annoncent encore l'Évangile sont donc composées en majeure partie de Chinois, au milieu desquels sont dispersées çà et là quelques familles mandchoues, et éloignées d'eux de nombreuses tribus tartares : les Tongouses, les Daoures, les Solons, les Mongols Khalkas, les Ghiliaks, les Orotchones, les Goldes, les Toungous, les Yu-pi-ta-tze [2].

Les missionnaires nous ont laissé sur ces derniers d'instructifs et intéressants détails.

---

[1] On a dit qu'il n'y avait plus aucun Mandchou en Mandchourie ; c'est une exagération.

[2] Peaux-de-Poissons.

Moukden. — Vue d'un faubourg. (D'après une photographie.)

Autrefois vêtus de peaux de poissons d'où vient leur nom, ils sont aujourd'hui presque tous habillés de peaux de daims avec ou sans poils, qu'ils préparent eux-mêmes. Seules les jeunes femmes ont une robe en peaux de poissons, qu'elles teignent de différentes couleurs, portent aux jours de fête et souvent ornent de sapèques à la bordure inférieure.

Les principales occupations des Yu-pi-ta-tze sont la chasse et la pêche.

La chasse est le privilège des hommes, mais les femmes et les enfants prennent part à la pêche. Leur adresse est étonnante. Armé d'un simple javelot à fer de lance, le Yu-pi-ta-tze s'assied dans un canot d'écorce; en quelques coups de rame il est au milieu du fleuve, et dès qu'il aperçoit un poisson, il le frappe de son dard par un simple mouvement du bras, gardant tout le reste du corps immobile.

Le poisson en été, la viande de daim et de cerf en hiver, constituent avec un peu de millet cuit à l'eau toute leur nourriture.

De caractère ils sont assez simples et de mœurs assez mauvaises. L'ivrognerie est leur grand vice : aucune affaire ne peut se traiter, aucune cérémonie avoir lieu sans d'interminables libations.

Dans les visites, le cruchon de vin joue le rôle important : le visiteur en apporte un, le visité en offre un second, puis un troisième et un quatrième.

Les inférieurs se mettent à genoux pour présenter le gobelet plein : le supérieur boit une fois, deux fois, dix fois; l'inférieur se relève et boit à son tour. La conversation s'anime, puis les génuflexions et les rasades se renouvellent.

Telles sont les races et les peuplades diverses qui habitent le sol de la Mandchourie. Les tribus sauvages sont disséminées à travers les steppes et les forêts de l'extrême nord. Les Chinois habitent plus généralement les grandes villes et les gros villages, dont l'aspect extérieur ressemble à ceux des autres provinces de l'empire : rues étroites et sales, maisons basses et enfumées, pagodes plus ou moins élevées, mandarinats et palais aux toits recourbés, chargés de dessins bizarres et précédés de portails où la sculpture et la peinture se sont donné libre carrière pour créer des monstres fantastiques ou représenter avec une vérité d'à peu près les paysages animés ou non de l'Extrême-Orient.

Par son rang administratif et par sa population, la première de ces grandes villes est Moukden, la vieille capitale de la Mandchourie.

« Elle se distingue entre toutes les cités, dit l'empereur Kien-long dans un de ses poèmes, comme le dragon et le tigre entre les animaux. »

Elle est située au milieu de campagnes de grande fertilité, mais dépourvues d'arbres ; elle est entourée d'un mur d'environ dix-huit kilomètres, construit en briques et flanqué de tours, qui protège le quartier central le plus populeux et le plus commerçant de la cité.

Chaque côté de cette muraille est percé de deux portes ; de larges rues, réunissant les portes opposées l'une à l'autre, divisent la cité intérieure en neuf quartiers. Le quartier central est la propriété impériale : c'est là que se trouvent le palais et les bureaux (yamen) de l'État, la salle des examens.

Moukden a sur Pékin l'avantage de ne point présenter le tableau d'une ancienne grandeur déchue. Par contre, il lui manque les monuments, le décor artistique et l'encadrement de montagnes qui font la beauté de la cité impériale.

Au siècle dernier, les empereurs de Chine ne négligeaient point de se rendre en pèlerinage à Moukden, la ville sacrée de leur dynastie. En 1804, Kia-King remplit encore ce devoir de famille. Depuis cette époque, la « sainte face » seule, c'est-à-dire le portrait de l'empereur, est envoyée tous les dix ans dans cette ville.

« Lorsque j'arrivai à Moukden, raconte Mgr Verrolles, on y attendait ce portrait fameux. C'est un des premiers princes du sang qui l'apporte sur un char magnifiquement orné; on l'adore, on lui offre des sacrifices, car l'empereur étant réputé le Fils du ciel, on lui rend, même avant sa mort, les honneurs divins.

« Mais ce qui passe toutes nos idées européennes à ce sujet, c'est que pour le transport de ce portrait, de même que pour l'empereur quand il vient en personne, l'on prépare tout exprès, depuis Pékin jusqu'au palais de Moukden, sur une longueur de deux cents lieues, une route large de quinze à dix-huit pieds, pratiquée le plus souvent sur le milieu de la voie publique, plus haute d'un pied que le reste du chemin et réservée à l'empereur seul[1]. »

A une dizaine de kilomètres au nord-ouest de Moukden se trouve le Tchaou-ling ou Pé-ling, l'enclos sacré qui renferme les tombeaux des ancêtres mandchoux des empereurs actuels. A travers les branchages des arbres touffus on aperçoit les toits rouges des temples; mais nul étranger, nul indigne profane ne peut, sous peine de mort, pénétrer dans cette nécropole.

Une autre sépulture des empereurs mandchoux, le Fou-ling, se trouve à six ou huit kilomètres au nord-est de la ville; trois enceintes successives en défendent l'entrée.

Dans la première se trouve un grand parc très sauvage avec des arbres magnifiques; la deuxième enceinte, également boisée, contient la demeure des serviteurs de second ordre attachés au service du temple. De grandes avenues se dirigent

---

[1] *Annales de la Propagation*, vol. XXII, p. 53; 1848, le 11 novembre, Mandchourie, Kay-tcheou. Lettre de Mgr Verrolles à MM. les membres des deux conseils à Lyon et à Paris.

vers celui-ci; elles sont bordées d'immenses animaux en pierre, faible imitation de ceux qu'on voit près de Pékin, aux tombeaux des empereurs ming. L'accès de la troisième enceinte est absolument interdit aux étrangers.

Au centre du pays, Ghirin, capitale de la province du même nom, située sur la rive gauche du Soungari, possède environ cent cinquante mille habitants. Son importance ne date que de 1673; elle est toute en bois, maisons et pavage, et son enceinte couvre une étendue considérable.

Les rues sont très animées et le commerce très actif; c'est un entrepôt de fourrures, de tissus, de coton et de soie, de fleurs artificielles dont les femmes de toutes les classes s'ornent la tête, de bois de construction amenés des forêts environnantes, de tabac, dont la récolte se concentre dans le port russe de Possiet, pour être expédiée de là dans l'intérieur, de pattes et de foies d'ours pour les pharmacies, etc.

La capitale de la province la plus septentrionale est Tsi-tsi-kar, que les Chinois appellent Pou-khouei; elle se compose de deux villes, dont l'une intérieure, entourée d'une simple palissade de pierre, renferme l'habitation du gouverneur, les tribunaux, les ministères, les casernes et quelques familles tartares.

Toutes les maisons, les pagodes exceptées, sont indistinctement couvertes en paille, et défense est faite de les couvrir en tuiles; malgré la pauvreté de leur toit, elles offrent un air riant et coquet qui frappe agréablement le voyageur, et contraste étrangement avec les constructions chinoises ordinaires.

La ville extérieure, ville de commerce habitée par les Chinois, entoure la première; elle est fermée par un simple mur en terre haut de sept pieds.

Point de remparts comme dans les autres villes chinoises, point de tour, rien de ce qui rappelle la guerre; on dirait que Tsi-tsi-kar se sent fortifiée par son isolement.

Bâtie sur des dunes de sable qui se prolongent un peu au sud-ouest et beaucoup à l'est, elle peut renfermer trente mille habitants. Une seule rue, la grande artère qui se dirige au midi, paraît fort commerçante, et c'est là que se traitent toutes les affaires.

La population chinoise de la ville offre une singularité digne de remarque. Tout Chinois peut venir s'installer à Tsi-tsi-kar si bon lui semble, après avoir fait sa déclaration au bureau de police; mais il lui est absolument défendu d'amener des femmes ou des enfants. De cette façon, la race chinoise ne peut avoir de foyer et n'est composée que de vagabonds, qui, nulle part, ne sont l'élite de la société.

A ces trois villes principales, capitales des provinces de Mandchourie, ajoutons Ing-tse ou In-keou, que plusieurs s'obstinent à appeler Nieou-tchouang en la confondant avec la ville de ce nom, distante de neuf lieues au nord-est. C'est le premier port du sud ouvert aux Européens par les traités de 1859 et de 1860.

Elle est située à six kilomètres de la mer et sur le bord d'une rivière que des navires de fort tonnage peuvent remonter.

Elle fut pendant plusieurs années la résidence de Mgr Verrolles; sur les soixante mille habitants qu'elle renferme, on compte cinq à six cents chrétiens.

Les religieuses de la Providence de Portieux y ont établi un hôpital, des orphelinats; les missionnaires y ont installé des écoles, élevé des églises, pendant que les consuls des puissances européennes y bâtissaient leurs maisons et les négociants leurs magasins, autant de constructions qui contribuent à donner à une partie de la ville un air occidental, plus agréable à l'œil de nos voyageurs que les corniches pointues des Chinois.

III

Pour achever ces notions géographiques et historiques sur la Mandchourie, disons quelques mots de la langue, du gouvernement, de la religion, ou plutôt des religions, car les habitants sont loin d'être unis dans un même culte au Dieu véritable et trois fois saint.

Le gouvernement de la Mandchourie est confié exclusivement à des Mandchoux; il a pour chef un dignitaire civil, qui réside à Moukden; ce fonctionnaire a sous sa direction cinq ministères, dont les attributions répondent exactement à celles des grands départements de l'empire, et trois vice-rois, en même temps généraux et administrateurs des provinces.

Exercé dans le Leao-tong par des autorités civiles et militaires, le pouvoir est purement militaire dans les provinces de Ghirin et de Tsi-tsi-kar.

Les soixante-cinq tribus mandchoues, les seules survivantes du grand peuple conquérant, sont actuellement réparties en huit classes appelées « bannières » jaune, blanche, rouge et bleue, avec ou sans bordure.

Chaque bannière a ses tribunaux, ses écoles et son prêtre.

La population, selon sa bannière, est distribuée dans des groupes de villages formant de véritables colonies militaires, chacune avec sa famille ou bien dans des casernes.

Les guerriers mandchoux, qui n'avaient encore en 1873 d'autres armes que l'arc et la flèche, sont plus utilisés pour la chasse que pour les expéditions stratégiques. Mgr Verrolles a raconté sur ces défenseurs du céleste Empire et sur les instructions que le gouvernement leur donnait, il y a quarante ou quarante-cinq ans, des traits qui ne manquent pas de piquant. Nous en choisissons un entre cent.

« Il y a dans cette contrée des chrétiens qui sont soldats gardes-côtes, parfois ils me montraient les instructions officielles qui leur étaient adressées de Pékin. Vous n'y croiriez pas si je n'en citais le texte.

« Quand il viendra un navire sauvage, disait une de ces « circulaires, faites attention; si au-dessus du vaisseau vous « voyez sortir de la fumée noire, rassurez-vous, infaillible- « ment l'ennemi ne peut descendre, il part. Si, au contraire, « c'est de la fumée blanche, garde à vous, il arrive! »

« Puis était dessiné en grosse miniature un je ne sais quoi, de figure grotesque, qu'on me disait être un vaisseau européen. Je ne l'aurais pas deviné. En effet, dans ce croquis, le peintre avait installé des tables au bout des mâts, et sur ces tables étaient braquées des batteries de canon. »

Les soldats mandchoux ne sont pas encore les premiers guerriers du monde, pas plus que les soldats chinois; ils ont cependant fait quelques progrès depuis 1846, date de la lettre de Mgr Verrolles : ils nous l'ont montré au Tonkin, et peut-être l'Europe, qui a été leur institutrice, se repentira-t-elle un jour d'avoir mis ses armes et sa science entre leurs mains.

En tout cas, de longues années s'écouleront encore avant que se réalise cette crainte ou cette prévision, et les Japonais nous ont prouvé que les Célestes, s'ils ont des armes et des vaisseaux perfectionnés, n'ont pas encore appris la manière de s'en servir.

Plusieurs langues sont parlées en Mandchourie; les deux principales sont la langue chinoise et la langue mandchoue.

Nous allons donner un aperçu du mécanisme de chacune d'elles.

On a dit que l'idiome chinois ressemble dans sa structure au parler des enfants. Rien n'est plus vrai.

Même absence de cas, de temps, de modes. Même confusion des substantifs, des verbes, des adjectifs, des adverbes. Les pensées se déroulent comme on les conçoit. Celles qui dominent les autres passent les premières. Les résultats ne précèdent pas les causes.

Et comme c'est la force des choses, des impressions, des besoins qui engendrent les idées, celles-ci s'expriment en chinois avec vigueur et vérité, mais également avec naïveté.

Ainsi le Chinois dira temps bon, maître malade, jugeant superflu de préciser que le temps est bon, puisque cette constatation résulte de l'énonciation même des mots.

S'agit-il d'exprimer les mêmes idées au passé ou au futur, il ajoutera le mot *hier* ou le mot *demain,* sauf à modifier le degré de ces expressions suivant la nuance qu'il veut rendre.

Ajoutons que cette langue est monosyllabique de sa nature et ne devient polysyllabique qu'occasionnellement et par exception ; qu'elle est concise, affecte l'emploi de dictons, d'aphorismes, d'apophtegmes.

Quant à la construction de la phrase, elle est absolument naturelle : d'abord le sujet (s'il est exprimé), ensuite le verbe, puis le régime direct et à la fin le régime indirect.

Mais toutes les fois qu'il peut y avoir le moindre intérêt à fixer l'attention soit sur le régime direct, soit sur le régime indirect, on a recours à l'inversion et on les met avant les verbes qui les régissent, en plaçant devant le premier régime certains caractères différents pour la langue écrite et pour la langue parlée.

Que dans une phrase il y ait deux, trois ou quatre substantifs placés les uns après les autres, on en doit conclure de trois choses l'une : ou que c'est une simple énumération, ou que c'est une réunion de synonymes pour former un sens combiné, ou enfin que l'on se trouve devant une suite de génitifs terminés par un nominatif.

Lorsque plusieurs verbes se suivent, il faut d'abord s'assurer si ce sont des synonymes ou des verbes accompagnés de leurs auxiliaires. Dans le premier cas, ils concourent à exprimer une idée d'ensemble, de combinaison. Dans le second, les auxiliaires ne sont là que pour donner plus d'énergie aux verbes principaux.

Sauf ces deux exceptions, le premier verbe est généralement une sorte d'adverbe, à moins que ce ne soit un verbe employé à l'infinitif comme sujet; le second un instrument au moyen duquel le troisième verbe devient passif, d'actif qu'il était.

En somme, comme le dit Abel Rémusat, la langue chinoise, n'ayant pas un système grammatical bien compliqué, ne laisse pas sentir le besoin d'un traité fort détaillé.

Pour terminer ce que nous voulons dire sur la langue chinoise parlée, ajoutons qu'elle est très fortement modulée, ou, si l'on veut, prosodique, puisque l'accent et le ton varient selon le sens. Ces sons sont au nombre de cinq, d'aucuns disent quatre et d'autres sept.

Le ton égal haut qui se tient dans le haut de la voix, le ton égal bas, le ton ascendant suivant lequel le mot doit finir plus haut qu'il n'a commencé, le ton descendant qui finit d'une voix mourante, enfin le ton rentrant, un peu bref et saccadé.

Il ne faudrait pas trop s'effrayer de cette tonalité; on la saisit assez aisément, et le meilleur moyen pour la retenir, de même d'ailleurs que pour apprendre toute langue vivante, est de s'astreindre à parler beaucoup, bien ou mal, bien plutôt que mal sans doute, mais beaucoup. Rapidement l'oreille se forme, le gosier également, et il est rare qu'après quelques mois de cet exercice, ordinairement cinq ou six, le missionnaire ne soit en état de faire une petite allocution, de suivre une conversation sur des sujets ordinaires et d'entendre les confessions.

Mais il est bien évident qu'il ne s'en tient pas là; pendant de longues années, dix ans, quinze ans ou même davantage, il continuera d'étudier, de scruter les mots et les expressions afin de les bien choisir, de pénétrer le génie de la langue pour la faire réellement sienne.

Un second moyen complète ce premier : il consiste à se faire lire chaque jour, pendant plusieurs heures, d'abord lentement et graduellement plus vite, les phrases de la langue parlée, les dialogues, et de les répéter soi-même à voix haute, claire et imitative, au fur et à mesure de cette lecture.

De la langue parlée passons à la langue écrite.

Tous nos lecteurs ont vu ces caractères chinois si différents des nôtres, carrés, oblongs, formés de lignes droites ou recourbées, fines ou grosses, et qui au premier abord paraissent indéchiffrables; mais il ne faut pas juger les hommes sur l'apparence, et les caractères chinois pas davantage.

Disons de suite que, d'après le système généralement accrédité, la langue chinoise posséderait vingt-quatre mille deux cent cinquante-quatre mots représentés par des signes différents; cependant le dictionnaire rédigé sous le règne de l'empereur Kanghi lui en accorde quarante-quatre mille quatre cent quarante-neuf, et Mantucci ne lui en donne pas moins de deux cent soixante mille huit cent quatre-vingt-dix-neuf.

Mais les formes vieillies, synonymes ou absolument inusitées sont si nombreuses, que la connaissance des dix mille caractères suffit amplement pour lire tous les livres et écrire avec facilité sur tous les sujets.

Les grammairiens chinois ont réparti tous les signes en six groupes.

Dans les quatre premiers et le sixième, ils rangent les caractères symboliques dont l'usage a modifié la forme soit par réunion, juxtaposition ou combinaison.

Le cinquième, de beaucoup le plus nombreux, renferme tous

les caractères mixtes, c'est-à-dire ceux qui réunissent l'élément symbolique et l'élément phonétique.

Ces caractères mixtes sont composés de ce que l'on est convenu d'appeler le primitif et le radical.

Le primitif est le signe qui perd son sens et qui prête sa prononciation ; le radical est celui qui perd sa prononciation et conserve son sens.

Le *primitif* exprime simplement le son par lequel la langue vulgaire désigne l'objet qui représente le caractère mixte; le *radical* indique l'espèce, le genre, la classe à laquelle appartient cet objet dans le monde physique ou métaphysique. En général, le primitif se place à droite du radical; malheureusement cette règle n'est pas absolument invariable.

On compte deux cent quatorze radicaux dont on s'est servi pour classer tous les caractères chinois.

Tandis que, dans nos idiomes alphabétiques, les mots d'un dictionnaire sont rangés suivant l'ordre respectif de leurs premières lettres, les Chinois ont classé les leurs, d'après ces deux cent quatorze radicaux, en autant de groupes; et dans ces groupes, la place respective des caractères est déterminée par le nombre des traits qu'il a fallu ajouter au radical pour le tracer.

Pour bien connaître les caractères, il est nécessaire de les lire et de les relire souvent, de les répéter jusqu'à ce qu'on sache imperturbablement et leur forme et l'ordre dans lequel ils sont classés.

Après la parole et la lecture ou en même temps, selon les dispositions ou la volonté du missionnaire, vient l'écriture qui exige non pas une plume d'acier ou d'oie, mais un pinceau.

Le pinceau se tient perpendiculairement et le papier doit être placé droit devant l'écrivain.

Excepté les maximes et les titres qui s'écrivent horizontalement, le chinois s'écrit par colonnes de haut en bas et toujours de droite à gauche.

L'art du calligraphe, dans l'empire du Milieu, consiste surtout dans l'habileté avec laquelle il appuie et laisse glisser sur le papier le pinceau qu'il tient d'une main ferme.

Les Célestes attachent une importance extrême à la belle écriture; il y a eu et il y a encore des calligraphes célèbres qui reçoivent de cinq à six cents francs, voire de deux mille à trois mille francs pour une pancarte de quatre caractères, et certains individus vivent de l'habileté et de l'élégance avec lesquelles ils tracent les seuls mots : Bonheur, Félicité ou Longévité et Richesses.

L'empereur de Chine ne saurait accorder une plus grande faveur à un de ses sujets, grands ou petits, qu'en lui donnant, comme faisaient Kang-hi et Kien-long, quelque axiome tracé de sa main.

Nous serons plus bref dans nos explications pour le mandchou.

Le mandchou appartient à la famille des langues toungouses et est par conséquent une langue agglutinative; il se distingue par la régularité de ses formes grammaticales.

Ainsi que les Mongols, les Mandchoux ont adopté depuis la fin du xvie siècle un alphabet dont les caractères sont construits sur le modèle syriaque; on écrit le mandchou de haut en bas et de gauche à droite.

Comme dans l'écriture mongole et arabe, chaque son est figuré différemment, suivant qu'il se trouve au commencement, au milieu ou à la fin du mot.

La langue mandchoue aurait probablement déjà disparu comme idiome écrit, si elle n'était étudiée d'une manière spéciale à cause de l'origine de la famille impériale : elle est en effet classique dans l'empire; les candidats aux postes élevés de l'État sont obligés de l'apprendre, ainsi que les savants qui s'occupent de l'histoire et de la littérature chinoises.

Les Tartares Peaux-de-Poissons parlent un dialecte se rapprochant fort du mandchou; plusieurs d'entre eux savent même lire et écrire la pure langue mandchoue, et si le fait est assez rare, c'est à l'administration chinoise qu'il faut s'en prendre,

Moukden. — Tombeau impérial.

car elle leur défend d'ouvrir des écoles et d'avoir des maîtres.

Les religions pratiquées par les habitants de la Mandchourie ont droit ici à quelque place, car c'est d'elles surtout que s'occupe le missionnaire venu pour annoncer et glorifier le nom de

Jésus-Christ en détruisant le paganisme et la superstition.

Le bouddhisme apporté par les Chinois possède le plus grand nombre d'adhérents; il ne s'éloigne pas beaucoup du bouddhisme pratiqué dans l'empire du Milieu, quoique plusieurs y aient remarqué certains rites lamaïtes.

Le mahométisme est fort répandu, les musulmans forment en certains endroits le tiers de la population; ils habitent pour la plupart des villages ou des quartiers séparés et constituent de véritables clans, qui, tout en étant de race chinoise, ne se mélangent point avec leurs compatriotes.

Les tribus tongouses et mandchoues nomades honorent le ciel, les ancêtres, les génies des montagnes et des fleuves; elles redoutent les esprits mauvais. « C'est, dit le P. Boyer, un manichéisme païen assaisonné de métempsycose. »

En qualité de dieu suprême, le ciel n'a pas de pagode. Les Yu-pi-ta-tze lui font chaque année un ou deux sacrifices, où ils immolent des bœufs sous un arbre qui lui est dédié et auquel ils suspendent les os de la victime. Tout le village doit y prendre part.

Après le ciel viennent les dieux des montagnes et des fleuves, le tigre et le dragon. Chaque famille a pour les honorer deux pagodes, petites huttes en terre ou en bois en forme chinoise, au fond desquelles est l'image d'une idole horrible avec tigre et dragon, encadrée d'inscriptions chinoises bien souvent renversées, car personne ne sait les lire; ensuite pêle-mêle des instruments et des ornements en bois, en papier et en fer pour les offrandes et même une cloche. Chacune de ces pagodes a la porte tournée vers son dieu, celle-ci vers le fleuve, celle-là vers les montagnes.

Les Tartares rendent à leurs ancêtres un culte presque quotidien. Ils ont une espèce d'autel dans la maison; c'est une petite caisse ouverte par devant et fixée sur le mur occidental, au-dessus de la fenêtre. Ils y posent des morceaux de bois ou

de fer qui représentent les ancêtres et s'agenouillent en face;
ils brûlent de l'encens et font des libations.

Cette vénération pour les défunts commence aussitôt après
la mort.

Sur le large fourneau qui sert de lit, à la place occupée
naguère par celui qui n'est plus, on met une couverture pliée,
un oreiller, et, si c'est un homme, on ajoute un chapeau.

Chaque matin on lui offre de la nourriture, on allume sa
pipe, et le soir on prépare son lit, comme s'il devait venir y
reposer.

Après quelques jours ou quelques semaines, selon l'affection
et la dévotion des parents, on éconduit solennellement le
défunt, et on termine la cérémonie par un festin qui doit avoir
lieu sous une tente.

IV

LES PREMIERS CHRÉTIENS EN MANDCHOURIE

Le catholicisme n'a germé qu'assez tard sur le sol mandchou. Porté au XIVe siècle, chez les Mongols, par les intré-
pides disciples de saint François d'Assise, dont le plus heureux fut Jean de Monte-Corvin, il compta des prosélytes en
Tartarie et en Chine. Un archevêché, érigé à Pékin avec sept
sièges suffragants, engloba la Mandchourie.

Les guerres civiles et étrangères firent disparaître les résultats de ces débuts, et il faut attendre les missionnaires jésuites,
au XVIIe siècle, pour retrouver des chrétiens à Pékin et dans
quelques provinces de l'empire.

La Mandchourie en possédait-elle alors? Quelques-uns sans doute; mais très peu.

En accompagnant l'empereur à Moukden, au tombeau de ses ancêtres ou dans leurs expéditions géographiques[1], les jésuites n'oubliaient pas de parler de Dieu aux populations. D'ailleurs parmi leurs néophytes, à la cour et à la ville, plusieurs avaient leur famille dans le Leao-tong[2].

En 1696, la Mandchourie fit partie du diocèse de Pékin, créé par le souverain pontife Innocent XII et placé sous le patronage du Portugal.

A cette époque, des fidèles du Tcheli et du Chan-tong y émigrèrent. Une trentaine d'années plus tard, nous voyons les missionnaires portugais de Pékin envoyer au Leao-tong un prêtre chinois dont ils ne disent pas le nom[3], et puis le silence se fait de nouveau sur les expéditions apostoliques.

La Mandchourie n'était cependant pas oubliée, puisque, en 1778, les derniers jésuites de Pékin demandèrent à Rome d'ériger pour leur mission française un évêché à Moukden, et qu'en 1787 Mgr de Govea faisait visiter les stations de Leao-tong, qui s'augmentèrent des chrétiens fugitifs pendant les persécutions de 1796, de 1805 et de 1815.

En 1819, un prêtre ou un catéchiste chinois, Tchen, né dans le Leao-tong à Ngan-sin-tai, eut l'honneur de donner sa vie pour Jésus-Christ, dont il avait courageusement prêché la foi.

---

[1] Le P. Jartoux, en 1709, chargé par l'empereur de dresser la carte du pays, s'avança jusqu'à une ville qu'il nomme Calca-ta-tze, à quatre lieues de la frontière de Corée.

[2] Particulièrement le P. Verbiest, en 1682.

[3] A cette même époque les jésuites français avaient des rapports quotidiens avec les Tartares mandchoux de Pékin. Ainsi, le P. Parennin travailla avec les plus lettrés d'entre eux à la traduction des livres chinois en mandchou et à la composition du dictionnaire ou « trésor de la langue tartare-mandchoue ».

Le P. Gaubil fut nommé interprète impérial de cette langue. On a publié de lui, dans les *Lettres édifiantes*, une curieuse, savante et spirituelle étude sur la langue et l'écriture tartare-mandchoue. D'autres missionnaires suivirent leurs exemples, tels les PP. Dollières et La Charme.

Il fut arrêté aux portes de Pékin, jeté en prison, puis traduit devant les tribunaux et sommé d'apostasier. Sur son refus persistant, on le souffleta avec une épaisse semelle de cuir, on lui arrache la peau des tempes, on le tint de longues heures à genoux sur des chaînes de fer, pendant que les bourreaux le frappaient sur la plante des pieds.

Aux ordres réitérés d'apostasie et aux questions sur les fidèles et sur les missionnaires européens, le martyr répondait :

« Je ne puis vous dire autre chose que la vérité. Je suis chrétien, faites de moi ce qu'il vous plaira[1]. »

Après une séance où la cruauté des bourreaux s'était exercée avec plus de rage, Tchen, visité et consolé par Mey, un autre prêtre ou catéchiste leaotonnais, rendit le dernier soupir.

La mort de l'intrépide confesseur était une gloire pour la Mandchourie; mais elle la privait d'un ouvrier plus que jamais nécessaire, à cette époque où la disette des missionnaires était si grande, et les dispositions des mandarins et de l'empereur si malveillantes. En 1826, en effet, Pékin ne comptait plus aucun lazariste français et seulement trois prêtres portugais.

Ces derniers crurent affermir leur situation en demandant la permission de partir, espérant qu'on les retiendrait; ils furent, au contraire, pris au mot et durent se retirer.

Par dévouement à la cause commune, Mgr Perès, évêque de Nankin et administrateur du diocèse de Pékin, resta avec quelques prêtres chinois, entre autres MM. Sué et Han, qui bientôt furent obligés de se réfugier en Mongolie.

En 1830, un lazariste portugais, M. Castro, fut envoyé à Pékin et s'occupa, par lui-même et par un ou deux prêtres chinois, de la province du Leao-tong, mais nullement de celles de Ghirin et de Tsi-tsi-kar.

---

[1] Lettre du P. Franclet.

On comprend aisément que les chrétiens de ces contrées ainsi livrés à eux-mêmes, perdus au milieu des païens, aient trop souvent négligé leurs devoirs religieux.

C'est dans ces circonstances que Grégoire XVI érigea la Mandchourie en vicariat apostolique et la confia, en 1839, à la société des Missions étrangères.

Elle choisit pour vicaire apostolique un des prêtres de cette société, missionnaire au Su-tchuen depuis 1830, Emmanuel Verrolles, né à Caen le 12 avril 1805.

Le nouveau prélat fut sacré, le 8 novembre 1840, évêque de Colombie à Tay-yuen-fou, dans la province du Chan-si, par Mgr Salvetti.

Après sa reconnaissance envers Dieu, le sentiment le plus vif qui remplit son âme en ce jour solennel fut le souvenir de sa mère :

« Qu'eût dit ma bonne mère si elle se fût trouvée là? Eût-elle reconnu son fils, son pauvre Emmanuel? n'eût-elle pas cru rêver? Oui, vraiment, je croyais moi-même faire un songe. Hélas! me dis-je, lorsque j'étais prosterné au pied de l'autel où je devais commencer mon sacrifice; hélas! est-ce bien vrai? que suis-je? Mais enfin Dieu l'a voulu. »

Trois jours après sa consécration épiscopale, l'évêque loua une carriole chinoise et se mit en route; il avait encore quatre cents lieues à parcourir à travers les provinces du Chen-si, du Chan-si et de la Mongolie.

En approchant de cette dernière contrée où le froid est parfois extrême, puisque la terre gèle à sept ou huit pieds de profondeur et que le thermomètre descend à 30° et au-dessous, le voyageur endossa, pour se préserver des rigueurs de l'hiver, un costume dont il nous donne cette pittoresque description :

« Mes gens et moi nous dûmes nous affubler de toutes espèces de fourrures. Mon chapeau d'ordonnance était une peau de renard roulée en turban, à la mode tartare. J'avais pour bonnet une peau de rat, pour cravate la dépouille d'un hac-lieou (j'ignore son nom français). Mes manches étaient garnies en loutre; les brebis, les chats et les loups avaient contribué pour leur part à compléter mon accoutrement.

« En Chine on fait habit de tout sans nul respect humain. Les chrétiens de la Tartarie étaient venus à ma rencontre. Je fis avec eux mon entrée dans ce pays.

« C'était le 30 novembre 1840. Je passai la grande muraille, je descendis de cheval et me prosternai le front contre terre.

« Je recommandai cette vigne confiée à mes soins à ses anges tutélaires, j'invoquai saint André, je lui demandai de m'obtenir une large part au calice du Sauveur et de féconder un jour par mon sang cette terre nouvelle, cet autre exil que Notre-Seigneur me donnait à défricher, à arroser de mes larmes. »

Le 2 décembre, il était à Si-wan, la principale station chrétienne de la Tartarie, aujourd'hui résidence du vicaire apostolique de la Mongolie centrale. On comptait alors environ huit cents chrétiens dans le poste principal, deux mille avec ses dépendances, vivant pauvrement et pour la plupart habitant des cavernes creusées dans les montagnes ou d'énormes blocs d'argile.

Une assez jolie église construite par le zèle des missionnaires égayait un peu le triste aspect du village. Mgr Verrolles trouva au presbytère, couché sur un grabat et mourant, un missionnaire lazariste, M. Mouly; il lui donna l'extrême-onction, l'entoura des soins les plus affectueux et eut la joie de le voir bientôt revenir à la santé.

Il put alors parler avec lui des limites qu'il conviendrait d'assigner à sa mission, car le bref d'érection ne les avait pas précisées.

Il exprima le désir de laisser une partie de la Mongolie jusqu'au méridien de Pékin, c'est-à-dire jusqu'à la ligne fictive qui, partant de Pékin, se dirigerait vers le nord. Tout ce qui était à l'ouest de cette ligne jusqu'à la frontière russe eût été soumis aux lazaristes, et tout ce qui était à l'est devait être sous la juridiction de Mgr Verrolles.

Il passa la plus grande partie de l'hiver à Si-wan, qu'il ne quitta que le 24 mars 1841, donnant sur son voyage les détails suivants :

« Le froid était vraiment glacial dans les gorges de montagnes, nous avions quelquefois quatre pieds de neige. J'entrai enfin dans ces vastes plaines de Tartarie. Alors nous marchâmes plus commodément ; mon petit harnais n'était plus embarrassé par la neige.

« A cinquante lieues de Si-wan, au nord-est, après cinq jours de route, j'arrivai enfin à Lama-niao, ville assez grande et l'une des plus considérables du pays ; pour éviter la douane, je passai de l'autre côté du fleuve.

« Je ne pus voir que de loin ces fameuses lamaseries bâties par les empereurs Kang-hi, Khien-long, etc... Elles s'élèvent fort haut, à environ cinquante ou soixante pieds. Leur toit doré reflétait alors les rayons du soleil levant. Il y a un quartier consacré à l'habitation des lamas, qui y sont en très grand nombre.

« Je continuai ma route à travers le désert et montai toujours au nord-est vers Ha-ta, à soixante-dix lieues de là. Mais quelle solitude, quels déserts ! On ne remarque que de loin en loin des huttes ou tentes de Tartares mongols. Elles sont de forme ronde comme une cloche, faites de gros tapis tendus sur un mince treillis. Le foyer est dans le milieu, le haut est un trou pour la fumée.

« La famille, jour et nuit, est accroupie ou couchée par terre sur quelques peaux de chèvres, autour du foyer. L'envie me prit d'entrer dans une, je fus fort bien reçu. Mais comme il y fait chaud, il me fallut quitter mon gros paletot de renard. Ils se chauffent avec des argols et le feu est très ardent.

« Je demandai du lait, incontinent on m'en servit une rasade. Ces braves gens me prirent pour un Thibétain ; ils parlaient un peu chinois.

« Pauvres gens, ils ignoraient quel était leur hôte et la bonne nouvelle qu'il venait leur apporter.

« Sur un petit coffre assez pauvre était placée une petite statuette de bois qu'ils adorent. Devant elle étaient des bâtons odoriférants, des vases d'étain fort luisants, remplis de millet, de blé, etc.

« Ils lui demandaient des richesses et du bonheur. Et combien mon cœur était déchiré de ne pouvoir leur adresser quelque parole de salut ! mais impossible, ce n'eût pas été prudent.

« Priez, chers confrères, que le Seigneur dans sa miséricorde daigne enfin ouvrir à ces peuples infortunés les portes de la foi[1]. »

La mission de Mandchourie, telle que Mgr Verrolles la recevait du saint-siège, était une des plus vastes du monde ; elle s'étendait du 36° au 55° latitude nord et du 114° au 138° longitude est, c'est-à-dire des anciennes limites de l'empire russe au nord, au royaume de Corée et au détroit du Tché-li au sud, et de la mer du Japon à l'est, à la partie de la Mongolie qui dépend du gouvernement de Gehol à l'ouest.

Ce territoire comprenait les provinces actuelles de Leao-tong, Ghirin, Tsi-tsi-kar[2], l'Amour et la Primorskaïa, ayant une superfice totale de quatre millions sept cent soixante-six mille kilomètres carrés.

Si l'on ajoute à ce pays immense la Mongolie, que le bref d'institution confiait également, quoique à un autre titre, au nouveau vicaire apostolique, on arrive au chiffre énorme de plus de six millions cinq cent mille kilomètres carrés.

---

[1] Mgr Verrolles aux directeurs.
[2] On écrit également Tsi-si-car.

Par suite d'événements que nous raconterons plus tard, la Mongolie forma dès 1840 un vicariat particulier; les deux provinces du nord et de l'est, l'Amour et la Primorskaïa, conquises par les Russes, ne furent jamais évangélisées par les prêtres des Missions étrangères.

Dans les limites que Mᵍʳ Verrolles aurait désirées et qu'il avait indiquées à M. Mouly, en dehors des Eaux-Noires, la mission renfermait, sans compter les enfants, mille neuf cent quarante-neuf chrétiens au Leao-tong et mille six cent soixante-dix dans les groupes de Pa-kia-tse et des Pins (Song-chou-tsoui-tse).

C'était donc un total de deux mille six cent dix-neuf catholiques dont beaucoup, hélas! avaient singulièrement perdu de leur ferveur.

« Redirai-je ici à vos Éminences, écrira plus tard Mᵍʳ Verrolles à la Propagande, en quel état je trouvai cette vigne demi-ruinée, abandonnée depuis longtemps, en proie à tous les vices et à tous les abus? Les fidèles me répétaient dans leur langage naïf cette triste vérité :

« Vieux grand bisaïeul! si vous eussiez différé un an de plus à venir nous visiter, c'en était fait, nous n'étions plus chrétiens. »

V

LES DÉBUTS DE Mᵍʳ VERROLLES ET DE SES COLLABORATEURS.
— LE TRAITÉ DE 1844.

Mᵍʳ Verrolles s'avança vers le sud-est, et dans une de ses lettres nous lisons cette note, qui ouvre un jour attristant sur les débuts de son ministère en Mandchourie :

« Je traversai beaucoup de pays et un certain nombre de chrétientés du Leao-tong, où je fus fort mal reçu ; dans plusieurs endroits on ne voulait pas me voir, alors les paroles du texte sacré revenaient à ma mémoire et me remplissaient d'une suave et douce consolation : *In propria venit, et sui eum non receperunt.*

« C'était un trait de ressemblance avec le Sauveur, qui, lui aussi, fut un missionnaire.

« Le 30 avril, nous étions sur les bords du Leao. Une tempête en avait soulevé les eaux, et les nautonniers, épouvantés, refusèrent de nous transporter à l'autre rive ; ils craignaient, disaient-ils, de chavirer et de s'engloutir avec leur embarcation. Je restai donc là tout le jour. Je m'assis sur ces rives sauvages et, le cœur serré d'angoisse, j'entonnai le cantique de la captivité : *Super flumina Babylonis illic sedimus et flevimus.* »

Enfin, le 2 mai 1840, huit mois après son départ du Sutchuen, l'évêque arrivait à Yang-kouan, station de cent quatre-vingts fidèles, qui avaient pour chef un catéchiste habile, actif et courageux : Jen.

Le catéchiste alla chercher Mgr Verrolles, lui donna l'hospitalité, le combla d'attentions, le mit au courant de la situation.

Pendant cinq à six mois l'évêque mena la vie pauvre et rude du missionnaire en campagne, tantôt bien, tantôt mal accueilli, courant les grandes routes à cheval, à âne, en chariot, à pied, et faisant de sa monture et de sa voiture cette description :

« J'ai un cheval tartare assez vigoureux, de taille basse, jambes charnues, sabot petit, tête grosse et courte, naseaux proéminents, bouche carrée. La selle est une sorte de bât, faite de bois et fort encaissée ; les étriers sont énormes, mais en cela, dit-on, consiste toute leur beauté : plus ils sont lourds et massifs, plus on les trouve jolis et élégants.

« On se tient à cheval les étriers hauts et presque assis, le
bras droit pendant, le dos voûté et bien enchâssé dans cette
selle-bât, sans doute par prudence ; aussi bien le bon ton est-
il d'aller toujours au pas : il n'y a que les paours qui, à mon
exemple, s'avisent parfois de trotter. »

La voiture n'était pas plus élégante, et à première vue elle
semble plus désagréable ; mais il paraît qu'on s'y habitue fort
vite.

« Ces chars sont des tombereaux à deux roues, très bas et
fort étroits, pour une seule personne. Ils sont, à l'extérieur,
invariablement peints en noir ou bleu foncé ; à l'intérieur, ils
sont tendus en blanc, avec des liserés noirs, de même qu'en
France nos corbillards.

« D'un saut on se hisse dessus, on y entre à reculons et
on s'accroupit à la façon des tailleurs, *in plano,* car il ne peut
y avoir de siège. Là on se tient en équilibre de son mieux,
pour ne pas caresser sa tête contre les treillis de bois du tom-
bereau, ce qui arrive, hélas ! bien souvent. »

Les haltes avaient lieu dans les auberges semblables à celles
de Chine ou dans les demeures des chrétiens, pauvres maisonnettes hautes de huit à dix pieds, couvertes d'une couche de
terre foulée reposant sur un épais treillis de paille de millet,
habitées par plusieurs familles, où l'évêque avait peine à trouver un petit coin « que l'on sépare du reste avec quelques
nippes, et où il dit la sainte messe, dîne, dort, reçoit les
fidèles, et où ses domestiques viennent aussi passer la nuit ».

Au commencement de l'hiver, de vagues rumeurs, répandues
on ne sut comment et par qui, firent craindre une persécution,
et, dit Mgr Verrolles, « une peur panique transit mes hôtes ;
force me fut de quitter le Leao-tong et de chercher un refuge
vers le nord, dans la Mongolie, à Pa-kia-tse. J'y arrivai en
décembre, je visitai les chrétiens de ces contrées et réparai
bien des ruines. »

A Pa-kia-tse, il acheta, pour la somme de six cents taëls, un vaste terrain d'environ quatre à cinq kilomètres de tour, très solitaire, au milieu des prairies à perte de vue, propre à l'installation d'un collège. Il y bâtit une église de soixante-dix pieds de longueur sur vingt-deux de largeur, et une petite maison qu'il partagea avec M. Ferréol, le nouveau vicaire apostolique de la Corée, qui attendait en Mandchourie l'heure favorable pour pénétrer dans sa mission.

Mgr Verrolles était à Moukden lorsqu'il apprit la nouvelle qu'un collaborateur, M. de la Brunière, lui était arrivé de France ; il partit aussitôt pour Yang-kouan, où il le reçut et apprit de sa bouche les péripéties de son débarquement en Mandchourie.

A peine, en effet, le nouveau missionnaire avait-il mis pied à terre avec M. Maistre, qui se rendait en Corée, que tous les deux avaient été entourés par les douaniers d'un poste voisin.

Un rassemblement se forme ; les douaniers interrogent les étrangers et veulent les entraîner, tandis que la foule gesticule, crie, hurle, sans savoir pourquoi, uniquement parce qu'elle est la foule et qu'elle trouve l'occasion excellente de faire du tapage.

A toutes les questions, M. de la Brunière répond :

« Je suis un étranger, je n'entends pas bien votre langage, qui est tout différent de celui du Kiang-nan ; laissez-moi tranquille, je ne veux pas vous parler[1]. »

Mais le silence et la consternation des chrétiens qui accompagnent les missionnaires les trahissent.

Cependant un des deux élèves coréens emmenés par M. Maistre, « plein de feu et d'esprit, fait un long discours aux assaillants ; il leur reproche d'être venus à eux comme à des voleurs, de les avoir perdus de réputation, d'avoir insulté des hommes

____

[1] Lettre de M. de la Brunière.

inoffensifs ». Ce discours rétablit quelque calme ; à cet instant d'indécision arrive un homme accompagné d'un domestique.

« Il paraissait fort inquiet à notre sujet, dit M. de la Brunière. A la réception que lui firent les satellites, on pouvait juger qu'il était considéré dans le pays ; il prit la place du Coréen, parla, gesticula avec tant de force, que les douaniers lâchèrent leur proie.

« J'étais bien curieux de savoir qui était notre libérateur. Quelle fut ma surprise, lorsque j'appris qu'il était idolâtre et qu'il ignorait entièrement notre qualité d'Européens ! Mais nous lui avions été recommandés par notre catéchiste, qui était son ami.

« Après un tel vacarme, nos guides n'avaient presque plus l'usage de leurs facultés ; ils ne pensaient plus, ne voyaient plus. Bref, au lieu de nous conduire au char qui nous attendait à quelque distance, ils se trompèrent de route et nous promenèrent au hasard pendant plus de deux heures sur un grand chemin couvert de piétons et de voitures, au risque d'être à chaque pas reconnus [2]. »

Enfin la voiture fut retrouvée, et au grand trot de leurs mules les missionnaires partirent dans la direction de Yang-kouan, où ils trouvèrent l'évêque, dont M. de la Brunière disait, résumant en un mot le caractère des relations de Mgr Verrolles avec ses prêtres :

« C'est un vrai père, et quelque chose de plus encore, puisqu'à l'autorité paternelle il joint la bonté d'un ami. »

Rendant éloge pour éloge, le vicaire apostolique appréciait M. de la Brunière en ces termes :

« Il est instruit, pieux, zélé, très vertueux, avec une grande pénétration et un jugement peu commun. En commençant il

---

[1] Lettre de M. de la Brunière.

paraît déjà tout formé. Vous en trouverez difficilement de meilleurs, et peut-être assez rarement de pareils [1].

Le missionnaire si hautement estimé était fils d'une riche famille parisienne ; il avait depuis plusieures années commencé ses études de médecine, lorsque la voix de Dieu se fit entendre à son cœur. Il obéit à cet appel, et au lieu d'entrer au séminaire de Saint-Sulpice suivant les désirs de sa famille, de son oncle, évêque de Mende, il préféra les Missions étrangères ; et, disait Mgr Verrolles, « méprisant l'avenir heureux et brillant que lui promettaient ses qualités aimables, sa grande piété, ses talents distingués, sa rare capacité, sa position sociale, il est venu s'ensevelir en Mandchourie, partager mes peines, mes croix, mes contradictions sans nombre, mes angoisses, mes travaux. Dieu soit béni ! »

Deux autres prêtres français arrivèrent le 24 mars 1844 : Siméon Berneux et Charles Venault, deux noms que l'histoire religieuse de la Mandchourie ne saurait oublier.

Berneux, d'abord missionnaire au Tonkin, avait été fait prisonnier peu de mois après son arrivée. Condamné à mort, il avait été sauvé avec quatre autres missionnaires par le commandant Favin-Lévêque, qui avait voulu le ramener en France.

A force d'instances, il avait obtenu la permission de s'arrêter à Bourbon, et aussitôt il était reparti pour Macao, où il exprima le désir d'aller en Mandchourie.

Le procureur des Missions étrangères, M. Libois, acquiesça quoique à regret à ses prières et laissa partir « ce trésor de toutes les vertus ». C'était bien un trésor que cet homme d'une

---

[1] Les directeurs du séminaire des Missions étrangères partageaient complètement l'avis du vicaire apostolique ; car en envoyant M. de la Brunière en Mandchourie ils avaient écrit :

« Nous avons cru qu'il était bon de vous donner un sujet de cette capacité et de cette vertu dans les circonstances difficiles où vous vous trouvez. »

étonnante activité, d'un sens très droit, d'une vertu parfaite rehaussée de la plus charmante amabilité, ce qui faisait écrire à Mᵍʳ Verrolles cette spirituelle boutade : « Vous voyez bien que les saints ne sont pas des bouledogues. »

Agé de trente ans, M. Charles Venault avait déjà exercé le saint ministère dans le diocèse de Poitiers, qu'il avait édifié par l'austérité de sa vie.

Aussi dur à lui-même que s'il eût été taillé dans le granit, très doux aux autres, cachant sous des dehors négligés la beauté d'une âme douée d'éminentes vertus, il devait être le plus hardi voyageur des missionnaires de Mandchourie, le plus résistant aux fatigues, et supporter pendant quarante-deux ans un climat sibérien, une nourriture d'anachorète et un travail de pionnier.

Mᵍʳ Verrolles garda M. Berneux auprès de lui et envoya M. Venault à Pa-kia-tse.

Ce renfort arrivait à une heure propice : de graves événements jetaient l'Extrême-Orient dans une phase nouvelle et ouvraient au catholicisme une ère de liberté et de progrès.

Il convient de dire quelques mots de ces faits, car ils influèrent sur la situation des missionnaires et des chrétiens de Mandchourie, la rendant plus facile et plus heureuse.

Il s'agit de la querelle entre l'Angleterre et l'empire du Milieu, connue sous le nom de querelle ou guerre de l'opium.

Cette querelle avait pris peu à peu une acuité plus grande, si bien qu'en 1840 le cabinet britannique s'était décidé à la guerre. Les hostilités commencèrent au mois de juillet, par la prise de Tsing-hai et le blocus de la rivière Min et du Yang-tse-kiang; elles se continuèrent, avec des armistices plus ou moins prolongés et des pourparlers qui n'aboutirent à aucune entente.

Enfin, en 1842, les Anglais, s'étant emparés de Ning-po et de Changhaï, vinrent, le 6 août, prendre position devant Nankin.

Les rives du Leao-ho en avant de Moukden. (D'après une photographie)

Cette fois le gouvernement de l'empereur comprend qu'il lui faut absolument traiter, et il délègue trois plénipotentiaires : Hi-pou, Noui-kien et Ki-ing, avec de pleins pouvoirs.

Le 29 août 1842, une convention est signée par les commissaires chinois et le ministre de la Grande-Bretagne, sir Henri Pottinger.

Ce traité stipulait le payement à l'Angleterre d'une indemnité de vingt et un millions de piastres, l'admission du commerce étranger dans quatre nouveaux ports : Changhaï, Foutcheou, Ning-po et Amoy, et la cession définitive de Hong-kong à la couronne britannique.

La France n'avait pas été mêlée à la querelle des Anglais. Depuis la perte de ses colonies à la fin du XVIIIe siècle, on voyait assez rarement son pavillon dans les mers d'Asie.

Cependant le gouvernement de Louis-Philippe s'émut des concessions territoriales et des avantages commerciaux accordés à l'Angleterre. Guizot fit même entendre sa voix : « Il ne convient pas à la France, dit-il, d'être absente dans une si grande partie du monde, où déjà les autres nations de l'Europe ont pris pied. »

Poussé par l'opinion, le gouvernement finit par envoyer en Chine une petite mission avec M. de Lagrenée.

Cette mission eut beaucoup de retentissement; plusieurs délégués commerciaux et un inspecteur des finances en faisaient partie; un amiral commandait l'escadre qui la portait.

Elle visita les plus importants marchés de l'Extrême-Orient et recueillit un grand nombre d'informations précieuses. Il entrait à cette époque dans les vues du gouvernement français de fonder un établissement commercial et politique dans les mers de Chine, et on avait fait choix d'abord de l'île de Basilan, proche des Philippines, pour notre nouvelle colonie. M. de Lagrenée la visita et la jugea propre à remplir le but que se proposait le roi Louis-Philippe.

Les pourparlers dans lesquels nous étions alors engagés au sujet des mariages espagnols ne permirent pas de donner suite à ce patriotique projet. L'Espagne, maîtresse du groupe des Philippines, n'eût pas permis, sans de sérieuses contestations, l'occupation française de Basilan. Les négociations avec la Chine eurent un meilleur résultat. Un traité de commerce fut conclu le 24 septembre 1844; il est connu sous le nom de traité de Whampoa.

L'article 23 stipule que « si, contrairement aux précédentes dispositions, des Français, quels qu'ils fussent, s'aventuraient en dehors des limites ou pénétraient au loin dans l'intérieur, ils pourraient être arrêtés par l'autorité chinoise, laquelle, dans ce cas, serait tenue de les faire conduire au consulat du port le plus voisin; mais qu'il est formellement interdit à tout individu quelconque de blesser ou de maltraiter, en aucune manière, les Français ainsi arrêtés, de peur de troubler la bonne harmonie qui doit régner entre les deux empires ».

Les prêtres français étaient ainsi placés sous la sauvegarde solennelle d'un acte international.

Dépassant la limite de ses instructions, M. de Lagrenée voulut associer les missions elles-mêmes aux bénéfices des succès diplomatiques qu'il venait d'obtenir.

« Il juge digne de la France et de son gouvernement, écrit-il confidentiellement à M. Guizot, de prendre date à leur tour, après les conquêtes commerciales des Anglais, et de signaler leur action au point de vue moral et civilisateur, » et par de délicates attentions il obtient qu'à la requête pressante du plénipotentiaire chinois Ki-ing le gouvernement impérial accorde un édit qui débute ainsi : « Ki-ing et ses collègues nous ayant ci-devant adressé une pétition dans laquelle ils demandaient que ceux qui professent la religion chrétienne, dans un but vertueux, fussent exempts de culpabilité, qu'ils puissent construire des lieux d'adoration, s'y rassembler, vénérer la croix et les

images, réciter des prières et faire des prédications sans éprouver en tout cela le moindre obstacle, nous avons donné notre
adhésion impériale pour ces divers points dans toute l'étendue
de l'empire. » Les clauses de cet édit s'appliquaient seulement
aux chrétiens, ainsi qu'il était spécifié par ces mots :

« Il n'est en aucune façon permis aux étrangers de pénétrer
dans l'intérieur du pays pour y prêcher la religion, car les
réserves faites à cet égard doivent demeurer clairement établies. »

Notre plénipotentiaire ne négligea aucune des mesures qui
pouvaient garantir à ses yeux la publicité de ces dispositions
bienfaisantes ; il demanda même à Ki-ing, afin de satisfaire aux
exigences des missionnaires protestants, la déclaration positive
« que les pratiques extérieures du Tien-tchou-kiao importent
peu au gouvernement chinois, et que les chrétiens sont innocents devant la loi, non parce qu'ils vénèrent la croix et les
images, mais parce qu'ils sont vertueux ».

Ne constituant pas un engagement solennel pris officiellement par l'empereur Tao-kouang envers le gouvernement
français, la concession de l'édit impérial ne porta pas les fruits
attendus ; elle ne fut même, a-t-on dit souvent, qu'une ruse du
commissaire Ki-ing.

Nous n'oserions soutenir cette affirmation d'une façon absolue ; mais ce qui est certain, c'est que cet édit de tolérance ne
fut ni publié ni exécuté.

L'édit persécuteur de Kia-king, au contraire, resta au code
pénal de l'empire, et, pendant que le cabinet de Pékin observa
assez fidèlement à l'égard de nos missionnaires, durant une
période de dix années, l'article 23 du traité de Whampoa, l'acte
gracieux de Tao-kouang demeura lettre morte, et les réclamations de notre diplomatie en faveur des catholiques chinois
furent à peu près toujours infructueuses.

VI

Travaux de M. Berneux en Mandchourie.
— Voyage de M. de la Brunière dans l'extrême nord. —
San-sing. — Sur les bords de l'Oussouri. — Les chercheurs de jen-sen.
— En avant

Ces événements modifièrent peu à peu la situation de Mgr Verrolles, de ses missionnaires et de ses chrétiens, et la liberté de prêcher l'Évangile, quoique encore incomplète, fut arrêtée par moins d'obstacles.

M. Berneux, l'ancien confesseur de la foi au Tonkin, le futur évêque martyr en Corée, donna une impulsion vigoureuse à la mission pendant un voyage que Mgr Verrolles fut obligé de faire à Rome.

D'une activité dévorante, d'une volonté très ferme que la vertu embellissait de douceur, il avait enfin réussi à faire sortir les chrétiens de leur torpeur, à leur communiquer quelque chose de son ardeur apostolique; mais son principal succès avait été de ramener à l'obéissance ceux qui avaient naguère refusé d'écouter la parole de Mgr Verrolles; dans tout le Leao-tong, il avait su se faire craindre, respecter et aimer. Il ne le disait pas, peut-être même était-il assez humble pour l'ignorer, mais les résultats de son administration le prouvaient.

Quatre missionnaires étaient venus le rejoindre en 1846 et en 1847, MM. Négrerie, Mesnard, Colin et Pourquié; il les avait placés dans les postes les plus importants de la mission et leur avait enseigné, par ses paroles et par ses exemples, l'art difficile de bien conduire les Orientaux, en alliant la fermeté à la douceur.

Pendant ce temps, M. de la Brunière s'était, en 1845, élancé vers les populations grossières de l'extrême nord, exposant en ces termes la raison de son aventureuse expédition :

« L'année dernière, me trouvant libre de toute administration, et comprenant, d'ailleurs, que le Leao-tong, par sa situation politique et l'extrême timidité des chrétiens, serait longtemps une prison où nos efforts seraient considérablement entravés, je crus qu'il fallait chercher un champ plus vaste, une carrière plus indépendante à notre apostolat. »

Le 15 juillet, il prit la direction du nord-est et, après sept jours de marche, parvint à Acheheu, cité nouvelle formée par les émigrations incessantes des Chinois en Mandchourie et en Mongolie.

Il reçut l'hospitalité chez un riche païen, ami des catholiques, qui s'efforça de le dissuader de son entreprise, lui représentant que des troupes de tigres et d'ours remplissaient ces déserts, et, dans sa narration, poussant parfois des cris si véhéments que les deux guides en pâlissaient d'horreur.

Déjà un peu habitué aux figures de la rhétorique chinoise, M. de la Brunière le remercia de sa sollicitude, « en l'assurant que la chair des Européens avait un goût si particulier, que les tigres de Mandchourie n'oseraient jamais y porter la dent. » La réponse n'était point faite pour rassurer tout le monde.

A huit lieues d'Acheheu, le pays, jusqu'alors assez peuplé, fait place tout à coup à un immense désert qui ne se termine qu'à la mer orientale. Un seul chemin le traverse, conduisant à San-sing, petite ville sur la rive droite du Soungari.

Les forêts de chênes, d'ormes et de sapins qui bordent partout l'horizon, l'herbe touffue, parfois haute de deux mètres, annoncent la fertilité d'une terre neuve que la main de l'homme n'a pas encore touchée.

« De dix en dix lieues, vous trouvez une ou deux cabanes, sorte d'auberges établies par les mandarins pour les courriers du gouvernement, et qui logent également les autres étrangers. »

La route était pénible ; les moustiques, les guêpes et les taons s'acharnaient sur les voyageurs qui durent marcher de nuit. C'était le moyen de se débarrasser des guêpes et des taons, mais les moustiques étaient plus nombreux ; les voyageurs imitèrent les indigènes et se couvrirent la tête et le cou d'un masque de forte toile percé de deux trous à la hauteur des yeux.

Une autre difficulté surgit : d'immenses marais interceptaient la route et forçaient à des détours de trois à quatre lieues.

Appliquant partout l'axiome que la ligne droite est le plus court chemin d'un point à un autre, M. de la Brunière passait à gué, ne se doutant pas que pareille imprudence l'exposait à la mort. Il fallut, pour lui inspirer moins de témérité, qu'il s'enfonçât une fois jusqu'aux aisselles à cent pas du bord.

Après dix-neuf jours de marche, le soir du 4 août, les voyageurs aperçurent les murs et les maisons en planches de sapin de San-sing, ville de cinq à six mille habitants, « qui n'offre de remarquable qu'une grande rue pavée en larges pièces de bois, épaisses de six pouces et assemblées avec assez de précision ».

Elle était l'extrême limite que tout voyageur chinois ou mandchou n'a pas le droit de franchir, sous peine de punition grave pour infraction aux lois de l'État.

Chaque année, les tribus des Longs-Poils et des Peaux-de-Poissons viennent apporter aux mandarins de San-sing des fourrures de martres, de zibelines, de tigres, d'ours, etc., en échange de pièces de toile.

M. de la Brunière arriva dans cette ville pendant qu'ils y séjournaient. Il put causer longuement avec eux et obtenir des renseignements sur le pays qu'il devait parcourir et les peuplades qu'il comptait rencontrer.

Après avoir acheté les provisions nécessaires et renvoyé au

Leao-tong un des deux chrétiens « que le morceau de route précédent rendait fort peu curieux de voir le reste », il partit pour Sou-sou, un des villages sauvages les plus considérables.

En chemin, il fut rejoint par deux cavaliers, un mandarin militaire, suivi d'un officier subalterne en tournée d'inspection.

Ils s'arrêtèrent, descendirent de cheval et saluèrent l'étranger. Après avoir échangé quelques mots, tous s'assirent sur l'herbe, allumèrent leur pipe, et la conversation s'engagea.

Ignorant à qui il avait affaire, intimidé par l'air martial du missionnaire, le mandarin s'adressa au chrétien, afin de savoir de lui le sujet de cette excursion sur un terrain sévèrement prohibé.

Celui-ci était prévenu, et sa réponse était prête.

« Je ne suis qu'un homme simple, un pauvre laboureur, dit-il; j'accompagne mon maître sans connaître les affaires importantes qui l'amènent dans cette contrée. »

Ces paroles intriguèrent le mandarin, qui soupçonna l'étranger d'être un envoyé ministériel, chargé d'examiner l'état du pays et la conduite des employés.

Se tournant alors vers M. de la Brunière avec un redoublement de prévenances, il lui demanda son nom, sa province natale, les productions du midi de l'empire, l'état du commerce, etc.; mais, respectueux observateur de la discrétion chinoise, il ne glissa pas un mot pour savoir quelle était sa mission.

Deux heures s'écoulèrent ainsi au milieu de la grande plaine qui servait de salon, puis le mandarin prit congé en indiquant à l'inconnu la route de Sou-sou.

L'indication était précise, et le lendemain, de bonne heure, le missionnaire se reposait dans la cabane d'un Yu-pi-ta-tze.

Sa venue jeta quelque émoi parmi les Tartares; sa figure qui leur semblait étrange, ses vêtements décelant un personnage de haut rang, son bréviaire, son crucifix inspirèrent les conjectures les plus fantaisistes.

De petits cadeaux offerts aux notables du village facilitèrent bientôt les rapports : en tous pays, les petits cadeaux font naître l'amitié ou l'entretiennent ; là-bas, ils permirent au missionnaire de parler de l'Évangile.

Les auditeurs trouvaient la religion belle, mais sa nouveauté les effrayait, et aussi le prédicateur inconnu.

M. de la Brunière était depuis quatre jours à Sou-sou, lorsqu'un incident, dans lequel il vit l'amabilité de la Providence, l'éleva singulièrement dans l'estime des Yu-pi-ta-tze.

Assis au bord de la rivière, il devisait tranquillement avec des pêcheurs qui se morfondaient à ne rien prendre et, découragés, ramassaient leurs longues lignes pour retourner chez eux, lorsqu'il eut la pensée de pêcher lui-même.

« Voyons, dit-il, vous n'y entendez rien, donnez-moi une de ces lignes. »

Les pêcheurs sourirent, incrédules, mais le laissèrent faire. Il jeta l'hameçon dix pas plus loin, et immédiatement un gros poisson mordit.

L'admiration fut générale.

« Cet inconnu, disaient entre eux les Yu-pi-ta-tze, possède des secrets que n'ont pas les autres hommes, et, toutefois, il n'est pas méchant. »

Le soir, au souper, les questions se multiplièrent sur la merveilleuse capture ; tous voulaient savoir le secret de l'étranger. Sans donner de réponse, celui-ci se contenta de leur demander :

« Croyez-vous à l'enfer ?

— Oui, répondirent trois ou quatre des plus instruits, nous croyons à l'enfer comme les bonzes de San-sing.

— Avez-vous quelque moyen de l'éviter ?

— Nous n'y avons jamais songé.

— Eh bien! j'ai un secret infaillible, en vertu duquel on devient plus puissant que tous les mauvais esprits et l'on va droit au ciel. »

Le premier secret donnait créance au second; ainsi la divine Providence disposait suavement les choses.

Le lendemain, trois longues barbes du village paraissent dans sa chambre, armés d'un pot d'eau-de-vie et de quatre verres.

« Votre secret, dirent-ils, a de terribles conséquences. Si notre importunité ne vous blesse pas, nous voulons savoir en quoi il consiste. Commençons par boire. »

Les Yu-pi-ta-tze et les tribus voisines ne traitent aucune affaire à jeun. Ils prétendent que rien n'éclaircit les idées et ne facilite l'accord comme un verre d'eau-de-vie présenté au bon moment.

Le missionnaire aquiesça à l'invitation, puis il commença à développer ce qu'il appelait son secret, en expliquant le dogme de la chute primitive, de l'enfer, du salut apporté par Jésus-Christ, et de l'application des mérites du Sauveur par les sacrements. Les assistants écoutaient, mais buvaient plus encore, se versant rasade sur rasade, si bien qu'ils devinrent incapables de rien comprendre.

Le missionnaire dut cesser ses explications : toutefois, il était en assez grand crédit, on lui donna une maison spacieuse dont le propriétaire venait de mourir, et on se mit à lui enseigner l'idiome des Yu-pi-ta-tze, qui ressemble fort au mandchou.

Une semaine s'était écoulée, lorsque parurent deux mandarins chinois, accompagnés de vingt soldats, venant réclamer l'impôt.

Les Tartares craignirent que la présence de l'étranger ne les compromît, et, après entente avec lui, le dénoncèrent comme un inconnu, qui, malgré leur résistance, avait exigé l'hospitalité.

Aussitôt un officier, suivi de sept ou huit soldats, se rendit

à la maison de M. de la Brunière, et, après les premiers
compliments d'usage, il lui demanda quelles affaires l'ame-
naient dans un pays dont les lois défendaient sévèrement
l'entrée.

« Mes affaires, répondit le missionnaire, ne m'appellent pas
seulement à Sou-sou : je dois aller plus loin et pousser jusqu'à
l'Ossouri. »

Ce ton d'assurance en imposa à l'officier, qui n'osa pour-
suivre ses investigations, accepta une tasse de thé et se retira,
en invitant l'étranger à visiter son bateau.

Refuser eût éveillé les soupçons ; M. de la Brunière s'em-
pressa de se rendre à la barque du mandarin, qui le reçut
avec les démonstrations de joyeuse amabilité.

« Votre prononciation vous fait assez connaître, lui dit-il,
vous êtes du midi.

— Je suis de Canton.

— En ce cas, je suis charmé de faire votre connaissance ;
les hommes des provinces méridionales ont l'œil pénétrant,
vous savez certainement ce que ces montagnes renferment de
trésors. »

Faisant, comme lui-même le dit, allusion à son sacerdoce,
le missionnaire répliqua :

« Mandarin, il y a six ans, je découvris un trésor tel que je
ne sens plus le besoin d'en chercher d'autres. J'en jouirai toute
ma vie et au delà. »

Quelques détails insignifiants terminèrent l'entretien, et le
prêtre se retira.

Cependant la présence d'un étranger, dont on ne connaissait
ni le nom ni la situation, gênait le collecteur dans sa réclama-
tion des impôts qu'il augmentait de lourdes exactions. Il ne
tarda pas à le faire sentir ; et craignant de laisser découvrir
son identité, M. de la Brunière retourna à San-sing, où un
mahométan lui donna l'hospitalité.

Il y fut bientôt surveillé par un employé supérieur du grand mandarin, intrigué du secret dont il s'entourait.

L'espion se présenta le soir, à la dérobée et sans insignes, espérant, par des questions captieuses, arriver à savoir la vérité ; l'entretien dura une heure et se renouvela plusieurs fois sans succès pour l'employé, qui partit aussi riche d'éclaircissements qu'il était venu.

Mais ces visites répétées avaient alarmé le mahométan, qui fit à son hôte quelques interrogations sur la durée de son séjour chez lui.

Le missionnaire jugea qu'il était temps de s'éloigner, et, après avoir pris des renseignements sur le chemin suivi par les marchands de jen-sen de San-sing à l'Ossouri, il fit ses préparatifs de départ et se mit en route le 1ᵉʳ septembre 1845.

Il avait acheté « une mule, une petite marmite en fer, une hache, deux écuelles, un boisseau de millet et quelques galettes ».

La distance, avant d'arriver au fleuve, était de cent vingt lieues, qu'il mit quinze jours à franchir, « sans autre lit que la terre, sans autre abri que le ciel, » coupant des arbres pour allumer les feux nécessaires contre le froid et le tigre, faisant sa cuisine en plein vent, quand il pouvait, car, arrivé à trente lieues de l'Ossouri, l'eau devint si rare qu'il « dut, comme les oiseaux du ciel, manger le millet cru ».

Enfin, vers le soir du 14 septembre, il était sur les bords du fleuve, à quarante lieues au nord du lac Hinka (Tahou).

Il reçut l'hospitalité des Chinois, et avec l'un d'eux descendit l'Ossouri pendant quatre-vingts lieues, jusqu'à une misérable cabane, sorte de relai fréquenté par tous les voyageurs, et située à dix lieues du confluent de l'Ossouri avec le Saghalien ; le paysage de forêts et de grandes herbes était sauvage, et, attristé par la solitude qui l'enveloppait, l'apôtre laissa échapper ce cri d'angoisse dans une lettre aux directeurs du séminaire des Missions étrangères :

« Vous dirai-je, messieurs, de quel étonnement je fus saisi, et combien mon cœur se serra douloureusement à la vue de cette terre où mes yeux inquiets, cherchant des hommes, ne trouvaient partout qu'une morne solitude et un silence de mort ? Et dans les quelques individus qu'il m'a été donné d'y voir, à peine ai-je rencontré des hommes. »

La maison où il s'était arrêté appartenait à un Chinois originaire du Chan-tong, chef d'une dizaine d'hommes que, pendant six mois de l'année, il employait à chercher le jen-sen sur les montagnes et à travers les forêts.

L'hôte reçut l'étranger selon toutes les formes compliquées de la politesse du céleste Empire. Mais quand il apprit sa qualité de prêtre catholique, alors se vérifièrent les paroles du divin Maître :

« Vous serez insulté à cause de moi[1]. »

Il l'injuria, le maudit, le menaça ; ses compagnons et ses domestiques l'imitèrent.

Un seul enseignement du missionnaire avait momentanément le pouvoir d'arrêter les injures et de dompter les colères : l'enfer, les tourments éternels. Devant cet au-delà terrible qu'évoquait l'apôtre, les païens se taisaient, curieux et alarmés.

« Ces discours, disaient-ils à demi-voix, troublent et attristent le cœur ; parlons des choses que l'œil voit ; qui sait ce qu'il y a dans cet avenir ? Ne cherchons pas à pénétrer ce mystère. »

« J'étais là depuis une quinzaine de jours, continue le missionnaire, lorsqu'un étrange accident vint faire diversion à nos conférences. C'était vers le milieu d'octobre. Les arbres déjà nus et les hautes herbes desséchées et jaunies annonçaient l'approche des grands froids. Sur le midi, parut à l'horizon, au-dessus des forêts, un nuage immense qui bientôt intercepta

---

[1] Saint Luc, XIII, 16.

la lumière du soleil. Aussitôt tous se précipitèrent hors de la maison en criant : « Au feu ! au feu ! » On s'arme de haches, on détruit toute la végétation qui avoisine la demeure ; les herbes sont brûlées et les arbres traînés dans la rivière. Cette précaution nous sauva. Déjà le nuage s'est approché, il s'ouvre et nous laisse voir le foyer d'un furieux incendie, aussi rapide dans sa course qu'un cheval lancé au galop.

« L'atmosphère éprouvait des secousses dont la violence me semblait comparable au déchaînement d'une tempête. Les flammes, presque aussitôt arrivées qu'aperçues, passèrent à quelques pas de nous et s'enfoncèrent comme un trait dans les forêts du nord, nous laissant dans une morne consternation, quoique nous n'eussions fait aucune perte. Ces incendies, assez fréquents dans le pays, sont dus à des chasseurs venus des bords de l'Amour, qui ne trouvent pas de moyen plus commode pour forcer le gibier à quitter sa retraite. »

L'incendie fut assez vite oublié, et les conversations sur la religion furent reprises ; au dire de tous, le Décalogue était impossible à pratiquer. Pour fausse qu'elle soit, la réflexion a été faite bien souvent même par des baptisés ; mais elle étonne moins sur les lèvres des habitants des bords de l'Ossouri, environ deux cents Chinois qui, à l'exception de deux véritables marchands, étaient des vagabonds, des assassins, des voleurs de grand chemin, que le crime et la crainte des supplices avaient forcés de s'expatrier dans ces déserts, placés hors de l'atteinte des lois.

« Ces hommes, misérables dans tout leur être, n'ont ici d'autre moyen de sustenter leur vie qu'en se livrant avec d'incroyables fatigues à la recherche du jen-sen.

« Figurez-vous un malheureux portefaix, chargé de plus de quatre-vingts livres, s'aventurant sans chemin à travers d'immenses forêts, gravissant ou descendant nombre de montagnes, toujours seul avec lui-même, seul avec la maladie qui peut l'atteindre, ignorant si aujourd'hui ou demain il échappera aux dents des bêtes féroces qui abondent autour de lui, nourri de la graine de millet qu'il porte et de quelques herbes sauvages pour assaisonnement ; et cela pendant cinq mois de l'année, c'est-à-dire depuis la fin d'avril jusqu'à la fin de septembre : tel est le fidèle portrait d'un chercheur de jen-sen. Malheur à lui, s'il a oublié de monter souvent à la cime des grands arbres pour reconnaître le pays, et jeter comme des jalons qui dirigent sûrement ses pas ! Il erre pour ne plus se retrouver, et désormais on n'entend plus parler de lui. Combien périssent ainsi, et trouvent au désert le châtiment qu'ils avaient mérité dans leur patrie. »

Après avoir parlé du sort des chercheurs de jen-sen, M. de la Brunière décrit la plante, ses vertus bienfaisantes que lui-même expérimenta, en l'employant contre une atonie d'estomac qui fut rapidement guérie ; il en envoya quelques graines en Europe avec l'indication du mode de culture ; mais cette plante précieuse, il lui fallait pour germer et grandir les forêts mand-choues, le sol de la France ne lui convenait point.

Bientôt fatigués des prédications du prêtre, les Chinois lui intimèrent l'ordre de quitter la maison.

L'apôtre demanda asile aux Yu-pi-ta-tze, qui, au nombre d'environ cinq cents, habitaient ces parages, tantôt solitaires dans des cabanes éloignées, tantôt agglomérés dans de petits hameaux.

Les Tartares refusèrent, et le missionnaire fut réduit à demeurer « pendant quatre mois dans une cahute abandonnée, où, écrivait-il, j'ai goûté pour la première fois de ma vie le bonheur de la solitude. Là, je célèbre le saint sacrifice afin que la présence sacrée de Jésus-Christ sanctifie ces lieux encore tout profanes ».

Ce fut ainsi qu'il passa l'hiver de 1846, attendant la fonte des glaces pour marcher en avant, comme lui-même le disait

Moukden. — Entrée du palais impérial. (D'après une photographie.)

dans une lettre véritablement apostolique écrite aux directeurs du séminaire des Missions étrangères :

« Vers le 12 ou le 15 du mois de mai, j'achèterai, s'il plaît à Dieu, une petite barque, sur laquelle je compte descendre l'Amour jusqu'à la mer et visiter les Longs-Poils. J'irai seul, puisque personne n'ose me conduire, et que mon compagnon, pauvre chrétien de Leao-tong, retourne dans ses foyers, malade de terreur et de mélancolie.

« Je sens bien, et tous le disent ici, qu'il me sera difficile d'éviter les barques mandarines qui de San-sing descendent dans le grand fleuve ; mais s'il est dans la volonté de Dieu que j'arrive là où j'ai le dessein d'aller, son bras peut aplanir tous les obstacles et m'y conduire sûrement ; et s'il lui plaît que j'en revienne, il saura bien me ramener.

« Quel que soit cet avenir, aller en avant me semble dans la circonstance présente le seul devoir du missionnaire qui, dans la prière que l'Église lui impose, dit souvent des lèvres et du cœur les paroles du sacré Cantique : *Si dedero somnum oculis meis, et palpebris meis dormitationem, et requiem temporibus meis, donec inveniam locum Domino, tabernaculum Deo Jacob.* Je ne donnerai ni sommeil à mes yeux, ni assoupissement à mes paupières, ni repos à mes tempes, jusqu'à ce que j'aie trouvé un lieu au Seigneur, un tabernacle au Dieu de Jacob[1]. »

Ces paroles éclatantes d'esprit apostolique furent les dernières écrites par M. de la Brunière ; puissent-elles être un jour gravées sur son tombeau, quand les Tartares qu'il voulait évangéliser auront courbé leur front devant la croix triomphante.

[1] Ps. CXXXI.

VII

MASSACRE DE M. DE LA BRUNIÈRE

Deux années s'écoulèrent sans qu'on reçût de nouvelles de l'intrépide missionnaire. Alors Mgr Verrolles résolut d'envoyer des courriers d'abord, puis plus tard un missionnaire, M. Venault, à la recherche de **M. de la Brunière**.

Pour éviter les postes militaires établis au confluent du Soungari et du Hei-long, chargés d'empêcher toute communication entre San-sing et le pays de Hei-kin, M. Venault se dirigea vers l'Ossouri, attendit pendant deux mois le dégel dans les cabanes des chercheurs de jen-sen ; puis il acheta un petit bateau fait d'écorce d'arbre, long de vingt-cinq pieds et large de deux. Il choisit pour pilote un Mandchou païen qu'il paya dix taëls d'argent (environ quatre-vingt-dix francs) par mois ; il lui mit en main le gouvernail, prit la rame ainsi que les chrétiens qui l'accompagnaient, et, dans cet équipage sommaire, partit pour le pays des Longs-Poils (31 avril 1851).

Dès le troisième jour, le pilote fit des difficultés pour continuer la route. Les chercheurs de jen-sen lui avaient raconté nombre d'absurdités sur le compte de M. Venault.

« C'était, lui avaient-ils dit, un Russe, chef d'une armée qu'il allait rejoindre, pour venir à sa tête piller le pays, un sorcier capable de faire mourir un homme par un seul acte de sa volonté. »

Tous ces dires l'avaient indisposé ; il le fut bien davantage, lorsque, arrivé à Hai-tsing-tiu-kiang, il entendit les marchands de bois et les pêcheurs de saumons raconter avec quelle férocité les Longs-Poils avaient massacré un étranger dont ils ignoraient le nom, mais dans lequel il était facile de reconnaître M. de la Brunière.

Son caractère naturellement irascible s'exaspéra sous l'empire de ses terreurs, et, craignant qu'il ne s'enfuît, M. Venault lui adjoignit un second pilote.

« Hélas ! s'écrie le missionnaire en rappelant cette précaution, au lieu d'un diable j'en eus deux acharnés à me tourmenter ; pas un jour, pas une heure qu'ils ne nous fissent quelques scènes, mais de ces scènes sataniques dont on ne peut se figurer la millième partie.

« Dire un mot n'eût servi qu'à les irriter davantage, et pouvait faire manquer un voyage utile à la gloire de Dieu et au salut des âmes : je gardais donc le silence, souffrant aussi patiemment qu'il m'était possible toutes les avanies. »

A Aki, premier village des Longs-Poils, il rencontra des pêcheurs et des marchands qui descendaient le Saghalien et se rendaient à l'île Tarrakaï.

Craignant que le voyage du missionnaire ne nuisît à leurs affaires, ceux-ci s'efforcèrent de l'en détourner, et épuisèrent toutes les richesses de leur rhétorique pour lui raconter la mort de M. de la Brunière et lui expliquer qu'il subirait le même sort.

A leurs observations, M. Venault se contentait de répondre :

« Ne crains pas, j'irai à la mer et j'en reviendrai, et toi aussi. »

Cependant ses compagnons, pilotes et bateliers, étaient loin de partager son assurance.

A Poulo, en face d'Ouc-tou, le pilote refusa de le suivre ; les autres bateliers ne disaient rien, mais il était facile de voir sur leurs traits que leur courage défaillait ; la rencontre inespérée d'un jeune homme qui consentit à les accompagner moyennant dix taëls ranima un peu leur vaillance, et les voyageurs entrèrent sur le territoire de la tribu des Kilimis, appelés également Ghiliaks.

A peine avaient-ils fait cinquante lieues qu'un nouveau sujet de terreur arrêta leur marche. On les avertit que le village de Hou-tong, le premier qu'ils allaient atteindre, avait été le théâtre du massacre de M. de la Brunière, et qu'un peu plus haut huit barques les attendaient pour leur faire subir le même sort.

« Mes hommes refusèrent tous d'aller plus loin, raconte M. Venault; je cherchai un interprète qui comprît la langue des Kilimis, et l'envoyai avec trois de mes compagnons pour s'assurer de ce qui se passait et prendre des informations précises sur notre confrère. Ils mirent six jours à cette expédition.

« Les deux hommes que j'avais gardés avec moi, augurant mal d'une si longue absence, allaient me laisser là et s'enfuir, lorsque j'aperçus venir à nous deux *kouai-ma* (esquifs ainsi appelés parce qu'ils glissent sur l'eau avec la vitesse d'un courrier).

« Ils me ramenaient ma députation mouillée, trempée jusqu'aux os. Les malheureux, dans la joie du bon succès de leur mission, avaient bu outre mesure, puis s'étaient battus et culbutés dans le fleuve.

« Enfin ils étaient revenus, m'apportant la triste nouvelle que M. de la Brunière avait en effet été massacré; et, pour preuve, ils me remettaient une partie des objets enlevés sur sa barque par ceux qui lui avaient donné la mort. »

Le triste événement pressenti depuis plusieurs années était donc vrai, le missionnaire avait été victime de son courage ; et, d'après M. Venault et M. Weber, un Polonais habitant Nicolaievsk qui, plus tard, mû par un sentiment de piété, fit une enquête sur ce drame sanglant, voici dans quelles circonstances le meurtre avait été commis.

L'arrivée du missionnaire avait fort surpris les Kilimis ; l'ignorance de la langue et l'absence d'interprète laissèrent le champ ouvert à toutes les conjectures. La principale tenait son origine d'une légende transmise dans la population depuis deux siècles.

Le Sibérien Kabarov, dont nous avons parlé, avait, en 1650, posté à Waite quelques-uns de ses compagnons ; ceux-ci avaient été surpris pendant leur sommeil par les Kilimis et massacrés.

Plus tard, un des devins de la tribu prédit que quand l'arbre témoin du crime tomberait, les Sibériens reviendraient venger ce meurtre. On s'attendait donc à voir reparaître les étrangers, et l'on soupçonna que M. de la Brunière était l'un d'eux envoyé en éclaireur.

Le faire disparaître sembla le moyen le plus sûr pour éviter l'arrivée des autres. Un conseil général, tenu par tous les jeunes Kilimis, s'était prononcé pour la mort, lorsque parmi les vieillards encore indécis le plus âgé fit observer que, l'arbre étant debout, la conjecture était aussi fausse que la résolution détestable, et qu'il ne fallait pas frapper un étranger innocent, car c'était un crime propre à attirer sur la tribu les plus grands malheurs. La parole du vieillard fut écoutée.

Témoin muet de ces sauvages débats, que les gestes ou les regards des orateurs lui expliquaient sans doute suffisamment, M. de la Brunière, soit pour faire diversion, soit pour adoucir les cœurs, manifesta le désir d'acheter une paire de sandales ; il les paya de pièces d'argent françaises et de médailles.

Poussés par l'appât du gain, plusieurs Kilimis lui apportèrent aussitôt d'autres sandales qu'il paya de même. Tant de générosité dissipa la crainte et inspira l'admiration des sauvages, qui se disposèrent à fêter la présence de l'étranger.

Dans la crainte de voir cette bienveillance subite disparaître plus subitement encore, M. de la Brunière remonta sur sa barque et repartit. Mais à peine avait-il donné quelques coups de rame qu'un vent très fort, soulevant les flots, le ramena au rivage. Il descendit à terre à quelques centaines de pas en aval de Waite.

A ce moment, arrivèrent d'un hameau voisin six Kilimis, auxquels leurs compatriotes parlèrent de l'étranger.

Leurs réflexions sinistres firent oublier les sages observations du vieillard, et les jeunes gens revinrent à leur projet de meurtre. Six d'entre eux, avec les six nouveaux venus, se mirent à la recherche du missionnaire. Ils le trouvèrent retiré derrière une roche solitaire, à genoux, récitant son bréviaire, levant de temps en temps son regard vers le ciel.

Cette humble et touchante posture d'un homme parlant à Dieu leur causa une telle impression de respect, qu'ils n'osèrent le frapper ; ils se contentèrent de le considérer attentivement jusqu'à ce qu'ils l'eussent vu baiser et fermer son livre, faire un signe de croix, se relever et monter dans sa barque.

Ils le suivirent alors et, d'après M. Weber, l'un d'eux s'assit en face de lui en lui montrant des sandales ; il lui indiqua son désir de les vendre. Sur le refus de M. de la Brunière de les lui acheter, il lui demanda sa hachette, et, sur un nouveau refus, il s'en empara et voulut s'élancer hors de la barque. Le missionnaire le saisit par le bras, mais à ce moment même il reçut du Kilimi debout derrière lui un coup de poignard dans les reins ; il lâcha prise, et le voleur, se retournant, lui asséna sur la tête un coup de hachette. Les dix autres se ruèrent alors sur lui et le percèrent de coups de poignard.

Ensuite ils lancèrent la barque au large, l'abandonnant au courant du fleuve, dépouillèrent le cadavre de ses vêtements qu'ils se partagèrent, le transportèrent dans un îlot voisin et le cachèrent sous un tas de pierres, de branches et de feuillages que l'inondation emporta un mois plus tard.

Selon M. Venault, les Kilimis ne frappèrent pas le missionnaire de leurs poignards, ils le criblèrent de flèches.

Lorsque les Russes vinrent à Waite et apprirent ce meurtre, ils dressèrent une croix sur l'îlot, qu'ils nommèrent : Ostrovoubienni (île du massacré), que connaissent et saluent avec respect tous les voyageurs sibériens.

M. Venault rencontra plusieurs enfants portant comme parure des médailles et de petites croix enlevées au missionnaire martyr ; l'argent avait été converti en pendants d'oreilles dont se paraient les femmes.

« Celui des meurtriers que mes hommes ont vu, raconte-t-il, paraissait repentant ; il rapporta de lui-même ce qui lui restait de sa part de dépouilles, savoir : un ornement, une pierre sacrée, une burette d'argent, les débris d'un thermomètre et de deux boussoles.

« Outre cette restitution, mes délégués, de concert avec trois chefs de villages kilimis, imposèrent une amende à l'assassin, qui l'accepta sans trop de difficulté ; elle consistait en cinq marmites, deux hallebardes, deux mang-pao (habits brodés et de différentes couleurs tels qu'en portent les mandarins), un habit de peau, une pièce de satin et un sabre.

« Les deux hallebardes doivent rester entre les mains des interprètes, comme monument de la paix conclue entre nous et le meurtrier. Ces objets ayant été livrés à mes députés en présence des trois chefs de villages, on signa un acte de réconciliation, dont une copie a été remise aux Kilimis et un autre à moi. En voici la traduction :

« En l'année trentième de l'empereur To-kouang, les nom-
« més *Iuen-Oueng-Ming* (M. Venault), *Fou-Tchou* (un des
« chrétiens), étant venus demander satisfaction d'un meurtre
« commis, en la vingt-sixième année, sur la personne d'un
« missionnaire appelé *Pao* (nom de M. de la Brunière), par

« des hommes des trois villages Arckong, Sieuloin et Hou-
« tong, la paix a été faite de part et d'autre.

« Les susdits villages s'engagent à ne nuire désormais en
« aucune façon aux missionnaires qui viendront, soit en
« barque pendant l'été, soit en traîneau pendant l'hiver, mais
« à les traiter comme des frères.

« Les parents et amis du prêtre *Pao,* de leur côté, pro-
« mettent de ne tirer aucune vengeance de l'assassinat commis
« la vingt-sixième année de Tao-kouang. Mais comme la
« parole s'efface et s'oublie, acte de ces engagements a été
« rédigé par les deux parties, en présence des interprètes, qui
« demeurent chargés de veiller à ce qu'ils soient exécutés.

« Ont signé :

« Les témoins : Tchen-Fou-Tchou et Jang-Chouen.

« Les interprètes : San-In-Ho et I-tou-Nou, du village
« Ngao-lai ; Tien-I-Tée-Nou et Jü-Tée-Nou, de Kian-pan ;
« Hou-Pou et Si-Nou, de Hou-tong. »

M. Venault avait rempli sa mission ; il n'avait point l'auto-
risation de séjourner parmi les Kilimis, car, ne voulant pas
exposer un second missionnaire chez les tribus sauvages du
Saghalien, Mᵍʳ Verrolles lui avait donné l'ordre formel de
revenir aussitôt qu'il connaîtrait la vérité sur le sort de M. de
la Brunière.

Le missionnaire reprit donc aussitôt la route de Pa-kia-tze,
et, après son retour, écrivit à M. Berneux, chef intérimaire
du vicariat, le douloureux résultat de son voyage.

VIII

Expulsion de MM. Franclet et Négrerie

Pendant que l'apôtre avait, au prix de dangers et de fatigues immenses, parcouru les contrées sauvages de l'extrême nord, un incident qui aurait pu avoir de graves conséquences s'était passé à l'ouest de la mission, dans la chrétienté des Eaux-Noires (Hei-souei).

Le 29 septembre 1850, les deux missionnaires chargés de ce district, les PP. Franclet et Négrerie, avaient été victimes de la singulière arrestation que nous allons raconter.

Tous les deux parcouraient les environs du village de Hei-souei, lorsqu'ils se heurtèrent à l'improviste contre l'escorte du roi de Pâline, qui se rendait à Pékin pour les obsèques de l'empereur To-kouang, mort depuis six mois[1].

Ce roi de Pâline, l'un des plus puissants parmi les quarante-huit princes qui se partagent les steppes de la Mongolie, avait autrefois violemment persécuté les chrétiens mongols, et l'on savait que si sa conduite était en apparence moins hostile, ses sentiments n'avaient pas changé.

Aussitôt que les missionnaires s'aperçurent de sa présence, ils essayèrent de se cacher. La précaution fut inutile; leur physionomie étrangère, leur proximité du hameau chrétien, autrefois le plus persécuté et alors encore le plus connu, inspirèrent des soupçons au roi, qui devina facilement en eux des prêtres

---

[1] On sait qu'en Chine plus on veut honorer un défunt et plus on retarde ses funérailles

européens et dépêcha un de ses cavaliers pour les inviter à
venir le saluer. Ceux-ci s'excusèrent sur leur costume négligé,
peu convenable pour se présenter devant un si grand prince ;
puis ils s'éloignèrent pendant que le soldat portait la réponse
à son chef.

Le prince descendit de son palanquin que portaient quatre
cavaliers, monta sur le bord du chemin, s'y assit comme sur
un trône et envoya la moitié de son escorte au galop vers les
missionnaires, afin de les inviter de nouveau à le venir voir.

Devant le ton impérieux et le maintien sévère d'une députation de ce genre, il n'y avait qu'à s'incliner et à obéir. MM. Négrerie et Franclet suivirent l'escorte et bientôt parurent devant
le roi.

« Qui êtes-vous ? leur demanda-t-il.

— Deux maîtres de la religion du Seigneur du ciel, » répon-
dirent-ils.

Apercevant leurs bréviaires, le prince les prit, et sans poser
d'autres questions il fit signe à ses hommes de se saisir des
deux prêtres.

Immédiatement quatre soldats leur lièrent les mains derrière le dos, les attachèrent l'un à l'autre et les poussèrent
devant eux jusqu'à Si-mao-po-lo, où ils les enfermèrent dans
une mauvaise cabane pendant que le roi continuait sa route
vers Pékin.

Le lendemain, un mandarin envoyé par le petit souverain
s'installa avec ses assistants sur le fourneau tartare, qui occu-
pait un coin de la cabane, manda les prisonniers devant lui et
les interrogea :

« Qui êtes-vous ?

— Nous sommes des missionnaires français.

— Pourquoi êtes-vous venus dans ce pays ?

— Pour y prêcher la religion du Maître du ciel.

— Qu'enseigne cette religion ?

— Elle enseigne qu'il ne faut adorer que le seul vrai Dieu, rejeter toutes les idoles, faire le bien et éviter le mal.

— Mais de quel droit êtes-vous venus ici?

— De quel droit aussi votre maître nous a-t-il lié les mains derrière le dos, comme il aurait fait à des malfaiteurs, tandis que nous sommes des maîtres de religion, des hommes que l'empereur ne veut pas qu'on maltraite? »

On en était là de l'interrogatoire, lorsque se présenta un courrier porteur d'une lettre du roi.

Après avoir lu le message, le mandarin commanda à quelques soldats de mettre les captifs aux fers, de les attacher sur une charrette, de monter près d'eux pour les surveiller ; ensuite, faisant former une escorte de trente hommes armés de fourches et de bâtons, il prit le chemin de Pâline.

Les captifs eurent à traverser deux de leurs stations chrétiennes, et aussitôt furent entourés par leurs néophytes, qui malgré les coups s'empressèrent de venir demander avec larmes la bénédiction de leurs pères spirituels.

Ils firent route pendant cinq ou six jours jusqu'à Oulane-païe, un petit château d'architecture chinoise, assez joli, surtout par le contraste avec la nudité qui l'entoure, et isolé comme une tente dressée au milieu du désert.

A trois cents mètres de cette demeure on les fit arrêter dans la plaine, où on les laissa toute la journée.

Vers le soir, on les conduisit séparément devant les mandarins.

M. Franclet fut appelé le premier ; un satellite lui enleva son chapeau et lui cria de se mettre à genoux.

« Non, fit le prêtre, je ne m'agenouillerai pas. »

Les juges n'insistèrent pas et posèrent de nombreuses questions au missionnaire sur sa nationalité et sa religion. Il se contenta de leur répondre qu'il était Français et qu'eux, mandarins, violaient en sa personne les traités conclus entre la France et la Chine.

« Du reste, ajouta-t-il, puisque vous me laissez les fers aux pieds et aux mains, contrairement aux ordres de l'empereur, je ne vous répondrai que par le plus profond silence.

— Eh bien! dit le Tou-se-la-se de Pâline, demain nous verrons si les tortures t'ouvriront la bouche.

— Je ne les crains pas plus que les fers de ton roi, tout cela n'a qu'un temps qui passe bien vite, » répliqua le prêtre.

Puis il présenta la carte de sûreté que M. de Montigny lui avait donnée, ainsi qu'à tous les missionnaires. Cette carte intrigua quelque peu les mandarins, leur inspira des craintes, mais ne les décida pas à rendre la liberté au captif.

L'interrogatoire de M. Négrerie ressembla à celui de M. Franclet, puis les missionnaires furent conduits dans deux hameaux, éloignés l'un de l'autre d'une demi-lieue.

Le lendemain, ils furent ramenés dans la plaine qui servait de salle d'attente et subirent, toujours séparément, un nouvel interrogatoire.

La séance se tint près de la grande porte du château : le chef mongol avec plusieurs mandarins était assis sous le portique; sur les degrés de l'escalier s'échelonnaient les scribes et les interprètes; les satellites armés d'instruments de supplices formaient la haie.

Ce déploiement de force n'avait d'autre but que d'intimider les étrangers. C'était assurément peine perdue; ceux-ci répondirent sans crainte à toutes les questions, d'ailleurs fort peu importantes, qu'on leur adressa, et sans rien statuer sur leur sort on les reconduisit en prison.

Le lendemain, ils furent dirigés sous bonne escorte vers la ville chinoise d'Oulane-hata, où ils arrivèrent le 10 octobre. Ils y furent emprisonnés, c'est-à-dire logés avec une trentaine de brigands dans une cabane ouverte à tous les vents. Les chrétiens leur vinrent heureusement en aide, et l'un d'eux, qui plaidait un procès au prétoire, put leur porter de l'argent et de la nourriture.

Ils demeurèrent ainsi pendant une semaine environ, soumis de temps à autre à des interrogatoires sans intérêt et sans importance.

Les juges, ne sachant trop ce qu'ils devaient faire de ces deux prisonniers qui se réclamaient des traités conclus par le Fils

Moukden. — Une rue.

du ciel, prirent le parti d'emprisonner les chefs de la paroisse des Eaux-Noires et de lancer un mandat d'arrêt contre les principaux chrétiens; mais, pour la plupart, ces derniers purent s'y soustraire en payant les satellites et même le mandarin.

Tandis que les missionnaires traînaient leurs fers de prison en prison, le roi de Pâline était arrivé à Pékin, et un de ses premiers soins avait été de remettre au ministère des rites le bréviaire des prêtres étrangers et d'informer l'empereur de l'arrestation qu'il avait opérée dans les plaines de la Mongolie.

Hien-foung était assez bienveillant pour les chrétiens; il se savait d'ailleurs lié par les traités avec la France et ne voulait pas, dès le début de son règne, s'exposer à des réclamations diplomatiques ; il se montra donc fort mécontent de la conduite du roitelet, refusa de le recevoir et donna l'ordre au mandarin de Je-ho d'éclaircir cette affaire.

Un délégué de ce magistrat partit pour Oulane-hata, y interrogea le mandarin local, fit aussitôt sortir les missionnaires de prison et les emmena avec lui à Je-ho[1], où les mandarins rédigèrent un rapport, dans lequel il était dit « que *Li* et *Ngai* étaient Maîtres de la religion du Seigneur du ciel, qui enseigne le bien et défend le mal ; que ces Maîtres de religion ne se mariaient pas et qu'ils faisaient abstinence de viande deux jours sur sept ».

Pareille déclaration avait le double mérite d'être très exacte, sinon complète, et nullement compromettante.

Puis le gouverneur annonça aux prédicateurs de l'Évangile qu'on allait les conduire à Canton, et il les confia à deux mandarins qui devaient les traiter comme leurs égaux.

C'est ainsi, en effet, que les choses se passèrent ; les mandarins eurent pour eux tous les égards désirables ; ils leur firent visiter une partie de Pékin, les présentèrent à leurs collègues comme de nobles étrangers à qui étaient dus honneur et respect. Ils avaient fait fabriquer un drapeau sur lequel ils avaient peint cette inscription :

« Mandarins du royaume de France. »

Et c'est avec ce drapeau, flottant au mât de leur jonque,

---

[1] Cette ville, située au milieu des montagnes, au delà de la grande muraille, est la capitale de tous les tribunaux chinois établis dans cette partie de la Mongolie. Un torrent en baigne le pied, des bois de sapin tapissent les collines d'alentour ; ce sont des forêts impériales qui s'étendent à plus de trente lieues au nord, et qui servent de parc à la maison de campagne que les empereurs de Chine ont bâtie dans cette contrée.

Le nom de *Je-ho*, qui signifie *Fleuve chaud*, vient, dit-on, d'une source d'eau thermale qui se trouve dans les dépendances de ce palais impérial, le Versailles chinois de Pékin.

que, le 6 février 1851, les missionnaires entrèrent dans le port de Canton.

Informé des événements, le chargé d'affaires de France, M. de Codrika, résidant à Macao, leur écrivit « qu'il adresserait de justes et sévères réclamations au gouvernement chinois, et donnerait connaissance de tous ces faits au ministre des affaires étrangères de France ».

Les missionnaires auraient peut-être désiré plus, mais les circonstances ne le permettaient pas, et en agissant selon sa parole M. de Codrika faisait encore preuve d'un véritable dévouement envers eux.

Il transmit, en effet, au gouvernement français le récit de leur arrestation, dont le bon ton et la véracité furent appréciés en ces termes par notre ancien diplomate en Chine, M. Forth-Rouen, dans une lettre au procureur des Missions étrangères, M. Lebois :

« J'ai lu et fait lire au ministre la relation très intéressante de l'arrestation et du voyage de vos confrères de la Mandchourie. On est beaucoup plus certain, en restant dans le vrai comme l'ont fait les vénérables missionnaires, de réchauffer le zèle de la métropole, qu'en tombant dans des exagérations qui, entre autres choses fâcheuses, font croire à l'impossibilité d'arriver à opérer quelque bien. »

Être expulsé de Mandchourie n'impliquait pas l'impossibilité d'y rentrer, et, au bout de quelque temps, MM. Négrerie et Franclet reprenaient successivement la route de leur mission.

IX

**Massacre du P. Joseph Biet. — Troubles. — Les PP. Franclet
et Mesnard prisonniers**

Un autre malheur frappa en 1855 la mission de Mandchourie,
la mort d'un jeune prêtre, Joseph Biet, massacré par les
pirates en se rendant à son poste.

Le fait nous a été raconté par un compagnon du massacré,
le P. Boyer; nous résumons son récit.

Sur la barque qui conduisait M. Biet et M. Boyer en Mandchourie se trouvait un lazariste, M. Tagliabue, porteur de
l'argent nécessaire à la mission de Pékin.

Ils partirent de Changhaï le 9 juin 1855. Malheureusement
les matelots d'une des jonques amarrées près de la leur avaient
vu l'embarquement des caisses et de l'argent. A peine les
missionnaires étaient-ils en pleine mer qu'un cri retentit :
« Pères, des pirates, des têtes rouges. »

En effet, une jonque armée, leur voisine dans le port de
Changhaï, courait sur eux, en faisant force de voiles et de
rames.

Il y avait à bord de la barque des missionnaires quelques
vieux fusils et du plomb de chasse. M. Biet en prit un et le
déchargea en l'air; son but était d'intimider les agresseurs. Le
moyen n'était pas nouveau, et plus d'une fois il avait fait merveille : en voyant les passagers et les matelots armés, les
pirates viraient de bord; mais ce jour-là, il en fut autrement
et ils continuèrent d'avancer.

Les Chinois, consternés, s'écrient : « Que faire ? nous sommes
pris. »

« Puisque nous ne voulons pas nous défendre, répond M. Boyer, montrons-le en nous rendant de suite ; baissez les voiles et laissez venir. »

Puis les trois missionnaires se confessent et donnent l'absolution aux matelots chrétiens. Quelques minutes encore et les pirates abordent.

Alors, pendant que ses deux compagnons descendent dans leur cabine, M. Biet prend un crucifix et se présente aux assaillants.

Il est aussitôt saisi par quatre hommes et jeté à la mer. Puis les brigands cherchent les deux autres missionnaires, les font monter sur le pont, les dépouillent, ouvrent les caisses, les pillent et s'en vont, ne « laissant absolument que ce qui ne leur a paru bon à rien et les vivres nécessaires pour continuer la route ».

Telle fut la fin d'un jeune missionnaire plein d'avenir dont la famille devait donner encore trois de ses fils [1] aux Missions étrangères ; race de vaillants et saints apôtres dont le dernier survivant est aujourd'hui vicaire apostolique au Thibet.

Cette mort causa une vive peine à Mgr Verrolles, qui attendait avec impatience de nouveaux prêtres, pour remplacer ses anciens compagnons d'armes, partis pour d'autres régions ou couchés sous la terre glacée du pays mandchou.

Mais il n'était pas de ceux qui s'affaissent, écrasés sous le poids des afflictions ; par caractère et par piété, il avait la résignation facile. Voyant dans les événements la volonté divine et le cours humain des choses, il marchait toujours, fortifié par ce double sentiment, vers le but de sa vie, gouvernant sa mission avec l'aide des éléments qu'il avait en main, et cherchant le salut des âmes par tous les moyens en son pouvoir, mais sans se désespérer, si beaucoup de choses lui faisaient défaut.

[1] Mgr Félix Biet et M. Alexandre Biet au Thibet, et M. Louis Biet en Birmanie méridionale.

« Le pilote, écrivait-il, fait à peine attention à la fureur des flots qui battent son frêle esquif, aux abîmes qui s'ouvrent pour l'engloutir : l'œil fixé sur le phare du rivage, la main sur son gouvernail, il va droit au port, saluant seulement d'une pensée et d'une prière ceux de ses amis, de ses compagnons de détresse qui tombent à ses côtés.

« Ainsi, nous tressons chaque jour notre couronne; nos jours sont comptés; que rien ne détourne notre attention, n'arrête nos pas, n'abatte notre courage, ne trouble notre joie! Veillons surtout à travailler pour Dieu. »

Et l'évêque, suivant le conseil qu'il donnait aux autres, se mit à visiter sa mission avec une ardeur nouvelle; il termina son voyage à la station dite de Hiong-iao (les Ours), située à une demi-lieue de la mer.

La grève était « jolie, fort unie et toute de sable ». Mgr Verrolles prenait plaisir à s'y promener, songeant, « en voyant le flot de cette mer d'azur expirant à ses pieds, à la France dont cet incommensurable océan étreint aussi les rivages, bien loin là-bas, à l'autre bout du monde ».

Pendant que, sur la petite plage de Hiong-iao, le vicaire apostolique songeait à la France, la France envoyait près de lui ses soldats. Voici à la suite de quelles circonstances.

Les relations, qui n'avaient jamais été très cordiales entre la Chine et les nations européennes, prirent en 1856 un caractère marqué d'hostilité.

Le traité signé en 1844, par M. de Lagrenée, devait être renouvelé dix ans plus tard; mais, à l'époque fixée, la guerre de Crimée empêcha la France de donner tous ses soins aux affaires de Chine. La mort d'un missionnaire, M. Chapdelaine, condamné à mort et exécuté dans une petite ville du Kouang-si [1], rappela de ce côté l'attention de notre gouvernement.

---

[1] A Sy-lin, en 1856.

Les représentants de la France, de l'Angleterre et des États-Unis s'unirent pour faire connaître officiellement au vice-roi de Canton, Yé, qu'ils étaient chargés de négocier avec le cabinet de Pékin la revision des traités et la réparation des griefs dont leurs gouvernements avaient à se plaindre.

Yé se contenta de leur dire que cette revision était inopportune et que, pour lui, il n'était pas disposé à y prendre part.

Deux mois après cette impertinente réponse, notre représentant intérimaire, M. de Courcy, demanda satisfaction pour le meurtre juridique de M. Chapdelaine; il n'obtint rien.

Le 6 octobre 1856, Yé outragea l'Angleterre en faisant saisir treize Chinois à bord d'un navire anglais, l'*Arrow*. Le consul anglais, Parkes, ayant vainement réclamé, ordonna à la flotte d'attaquer les forts et la ville de Canton, qui tombèrent en son pouvoir du 23 au 29 octobre.

Cet exploit ne fit qu'exciter la haine des Chinois, qui massacrèrent les officiers du vaisseau français *l'Anaïs*. L'Angleterre et la France réunirent alors leurs forces ; elles se préparaient à entamer les hostilités, lorsque la nouvelle de la révolte des cipayes rappela les Anglais dans l'Inde.

Ces faits eurent leur contre-coup en Mandchourie, où la haine des Chinois contre les étrangers, les missionnaires et les chrétiens ne tarda pas à se donner libre carrière.

Les païens se saisirent de quelques fidèles, les frappèrent et les menacèrent de mort. Le principal des anciens agresseurs de Mgr Verrolles à Yang-Kouan voulut essayer de renouveler ses attaques dans la paroisse de Tcha-keou. Il répandit le bruit que l'évêque avait sa maison remplie de fusils, de canons et de soldats, et qu'il allait se joindre aux étrangers pour les aider à conquérir l'empire. Les chrétiens prirent peur et prièrent Mgr Verrolles de s'éloigner pendant quelques semaines.

La précaution paraissait d'autant moins inutile que des perquisitions avaient été faites et plusieurs fois renouvelées, et

que deux missionnaires avaient été arrêtés dans la **vallée** des
Pins et emmenés à Je-ho, en Tartarie.

L'évêque se rendit donc aux conseils de ses fidèles; il passa
au Chan-tong, et ensuite à Changhaï, où d'ailleurs il ne
demeura pas longtemps, et, la bourrasque apaisée, il vint
reprendre son poste.

L'odyssée des deux prêtres arrêtés fut plus longue.

Ces deux prêtres étaient M. Mesnard, alors supérieur du
séminaire, et M. Franclet, chargé du district des Pins, le même
que nous avons vu pris une première fois par le roi de Pâline
et reconduit de mandarinat en mandarinat jusqu'à Canton. Ils
avaient été accusés de tramer un complot contre la dynastie
impériale; c'était le point principal des craintes, car bien
d'autres calomnies ridicules se greffaient sur celui-là.

M. Mesnard a raconté les bruits qui trouvèrent créance dans
l'esprit d'un petit mandarin, son voisin, et qui furent consignés
dans la pièce officielle suivante dont la lecture fera sourire de
pitié nos lecteurs, et leur expliquera mieux qu'une dissertation
l'état d'esprit des Chinois en 1857 :

« Moi, Song-lou (autrement dit Pin soldé), douanier de la
porte de Song-ling-tze-men, ou de la colline des Sapins, ai
l'honneur d'avertir mes illustres supérieurs de la ville de Kin-
tcheou-fou que dans le village de la Bouche-des-Pins, arron-
dissement de Tchao-iang, il y a des hommes de la mer d'Occident qui ont bâti un temple au Maître du ciel.

« Ils ont élevé une tour, construit plus de cent comparti-
ments de maisons et d'une forme étrange. Là, ils ont pratiqué
des souterrains, des murs creux, où se tiennent cachés sept à
huit cents hommes à figure blanche, à barbe rouge et à longue
chevelure.

« Ils fabriquent en ce moment des instruments de révolte,
des flèches qu'ils lancent avec les manches de leurs habits et
diverses autres machines prohibées. Le jour ils gravissent les

montagnes, lèvent des plans, creusent des fossés, ramassent des pierres avec lesquelles ils construisent des citadelles, en récitant des prières. Ils ne permettent à personne de les aborder. La nuit, ils vont, sous la forme de spectres, couper les cheveux des hommes pendant leur sommeil ; ils coupent aussi les ailes des poules. Ils achètent de petits enfants, dont ils arrachent les yeux et le cœur, et dont ils tirent le sang pour en composer des charmes.

« Tout leur est bon pour accomplir en un clin d'œil les plus grands voyages ; ils montent à cheval sur des bancs de bois qui les transportent en Occident et les en ramènent dans l'espace d'une nuit, chargés d'or et d'argent.

« De quoi vivent-ils ? C'est leur secret ; car on ne les voit jamais acheter les provisions qu'exige la nourriture de tout le monde.

« Ils ont chez eux nombre de gros canons, dont quatre sont toujours braqués aux quatre angles de leur cour, etc.[1]. »

Mille autres absurdités étaient jointes à celles-là, entre autres l'histoire d'un missionnaire, « qui avait voulu obtenir la conversion d'une païenne en lui attachant une ficelle rouge à la tête ».

Écrites avec le sérieux que comporte toute pièce administrative, cette accusation émut les sphères officielles et leur fit craindre une révolte des chrétiens.

Plusieurs fidèles furent emprisonnés. Des mandarins, envoyés aux Pins pour procéder à des perquisitions, firent minutieusement leur devoir, ouvrirent toutes les portes, fouillèrent tous les meubles, levèrent, autant que leur science le leur permit, le plan du séminaire et de la chapelle ; ils ne découvrirent rien de suspect, ni armes, ni poudre, ni soldats.

Le commandant de l'escouade écrivit son rapport séance

____
[1] *A. M. É.*, vol 562, page 1423.

tenante, et le termina par l'éloge des missionnaires, qui, pour mieux démontrer leur innocence, avaient eu soin de leur offrir un bon dîner.

Aussitôt que Mgr Verrolles apprit ces accusations et ces perquisitions, il ordonna à ses prêtres d'éviter les mandarins, et, pour plus de sûreté, il pria M. Franclet de partir pour Pia-kia-tze, et M. Mesnard de licencier le collège et de se tenir caché à distance.

« Votre présence, leur disait-il, ne peut qu'aggraver l'affaire. »

Mais déjà il n'était plus temps; car tandis que le rapport favorable aux prédicateurs de l'Évangile restait dans les cartons, l'accusation portée contre eux passait des sous-préfectures aux préfectures, et des préfectures aux capitales.

Les deux cours supérieures de Moukden et de Je-ho déléguèrent des magistrats réputés fidèles et intègres ; ce n'est pas une réputation aussi utile que l'argent, mais elle peut parfois servir.

Les juges posèrent de nombreuses questions, voulurent bien reconnaître que les missionnaires étaient innocents, et, malgré les plus belles promesses, les amenèrent à Je-ho.

Huit jours après leur arrivée dans cette ville, MM. Franclet et Mesnard furent conduits en voiture au premier tribunal, où s'étaient réunis en audience solennelle le Tou-tong au globule rouge, le Tao-tai au globule bleu, le Tche-fou et deux Hing-se aux globules de cristal, sans compter beaucoup de petits mandarins aux globules jaunes.

Un greffier donna lecture des précédentes déclarations des missionnaires, suivies du rapport constatant qu'ils n'étaient coupables ni de révolte ni de magie ; ensuite le tribunal leur demanda de signer cette pièce, ce qu'ils firent après que l'expression *siao-ti* (petits) eût été remplacée par celle de *i-jen* (hommes étrangers).

Un mandarin leur proposa alors de partir pour Changhaï, d'où ils pourraient retourner en Europe.

Cette offre n'avait jamais été faite ; peut-être n'était-elle qu'un ballon d'essai pour connaître la pensée des apôtres sur pareille expulsion. La réponse ne se fit pas attendre.

« Comment, répliquèrent-ils, vous nous reconnaissez innocents et vous voudriez nous expulser ? Mais ne voyez-vous pas que c'est nous faire passer réellement pour coupables aux yeux de tout le monde ? Vous nous avez beaucoup applaudis de ne pas nous être cachés à l'époque des visites, parce que, disiez-vous, notre fuite aurait eu les plus graves conséquences, et entre autres aurait mis les tribunaux dans le plus cruel embarras, et voilà qu'en récompense de notre loyauté vous voulez nous bannir !

« Les commissaires délégués par vous nous ont juré, sur leur honneur, que nous retournerions à notre poste, et vous parlez maintenant de nous déporter à Changhaï ! Quel cas faites-vous de vos serments ? »

Ces observations produisirent une assez vive émotion sur les magistrats, auxquels elles furent immédiatement rapportées. Toutefois, n'osant assumer sur eux la responsabilité de remettre leurs prisonniers en liberté, ils expédièrent une dépêche à Moukden, à plus de cent cinquante lieues, et donnèrent aux missionnaires l'ordre d'attendre la réponse, les traitant d'ailleurs avec une grande douceur.

« On nous laisse ici, raconte M. Mesnard, sauf la liberté de sortir en ville, la plus grande latitude pour voir les allées et venues des mandarins salués d'un triple coup de canon, chaque fois qu'ils franchissent le seuil de leurs palais.

« Le 1er et le 15 de chaque mois, le gouverneur ne manque jamais sa visite et ses adorations à la pagode ; une nombreuse escorte le précède et le suit à cheval, tandis que des coureurs poussent des cris sourds et prolongés, absolument comme j'en ferais, je crois, pour chasser et effrayer les loups.

« On nous laisse la liberté de rire, de chanter, de composer des cantiques, de prier, de dormir à souhait, d'écrire aux amis, enfin de nous promener dans notre petite cour, ce qui ne manque jamais, après chacun de nos sobres et monotones repas.

« Notre promenade est si régulière, qu'on a cru ici qu'elle faisait partie des rubriques de l'Église et qu'elle figurait au nombre des devoirs du chrétien, tellement qu'on nous a demandé combien, d'après nos rites, nous devions faire de pas, et pendant combien de temps. »

Les missionnaires continuèrent cette existence pendant deux mois et demi, jusqu'au retour du courrier envoyé à Moukden.

Le haut tribunal de cette ville n'avait osé tranché l'affaire et préférait qu'on en référât à Pékin. Un nouveau courrier fut donc expédié dans cette ville pour connaître l'avis de l'empereur.

Hien-foung avait assez de questions à traiter avec les Européens, sans ajouter celle de l'emprisonnement de deux prédicateurs de l'Évangile. Il ordonna d'avoir les plus grands égards envers eux et de les reconduire à Changhaï.

L'ordre fut immédiatement exécuté, et le 18 mars 1858, « après un voyage de quatre cent trente lieues et de deux mois et demi, ayant traversé quarante-huit grandes villes et parcouru quatre provinces, les missionnaires arrivaient dans la ville de Changhaï, surpris de voir la rade pleine de navires de guerre européens, et d'apprendre qu'une ambassade anglo-française venait de partir pour Tien-tsin. »

X

EXPÉDITION ANGLO-FRANÇAISE EN CHINE

Quels événements s'étaient donc passés pendant que les missionnaires demeuraient dans une petite auberge de la Mongolie sous la garde de soldats chinois?

Les faits sont connus de tous et faciles à résumer.

Nous avons dit plus haut que les débuts de l'expédition anglo-française en Chine avaient été brusquement entravés par les révoltes des cipayes et par le départ de l'armée anglaise marchant au secours des troupes de l'Inde.

Avant même que la victoire fût complète sur les bords du Gange, l'ambassadeur de la Grande-Bretagne, lord Elgin, revint dans les mers de Chine, où il se rencontra avec l'ambassadeur de France, le baron Gros, et tous les deux s'accordèrent à reconnaître la nécessité de frapper un coup décisif au sud de l'empire avant d'ouvrir au nord la campagne diplomatique.

L'amiral Rigault de Grenouilly notifia au vice-roi Yé le blocus du fleuve, et, le 1er janvier 1858, les forces alliées pénétrèrent dans Canton et s'y établirent; puis les ambassadeurs se transportèrent à Changhaï et demandèrent l'envoi à l'entrée du Pei-ho d'un commissaire impérial, avec lequel il leur fût possible d'entamer des négociations.

La cour de Pékin déclara qu'elle acceptait; mais, toujours semblable à elle-même, elle dépêcha un plénipotentiaire sans lui donner les pouvoirs suffisants pour traiter; alors, le 20 mai, les troupes européennes occupèrent les forts de Ta-kou, après une courte résistance. Lord Elgin et le baron Gros se rendirent à Tien-tsin, où deux traités furent conclus, le 26 juin entre la Chine et l'Angleterre, et le 27 entre la Chine et la France.

Notre pays avait tenu à honneur de donner une grande place à la question religieuse.

Dès le 19 juin, le baron Gros, dans une de ses dépêches, disait :

« En vertu des conditions imposées par la France, le vaste empire chinois s'ouvre au christianisme ; nos missionnaires seront admis partout. Le meurtrier de M. Chapdelaine sera puni, la *Gazette de Pékin* l'annoncera. Les lois contre le christianisme seront abrogées... »

Ces conditions furent en effet stipulées, et l'article XIII du traité fut conçu en ces termes :

« La religion chrétienne ayant pour objet essentiel de porter les hommes à la vertu, les membres de toutes les communions chrétiennes jouiront d'une entière sécurité pour leurs personnes, leurs propriétés et le libre exercice de leurs pratiques religieuses ; une protection efficace sera donnée aux missionnaires qui se rendront publiquement dans l'intérieur du pays munis de passeports réguliers. Aucune entrave ne sera apportée par les autorités de l'empire chinois au droit qui est reconnu à tout individu, en Chine, d'embrasser s'il le veut le christianisme, et d'en suivre les pratiques sans être passible d'aucune peine infligée pour ce fait.

« Tout ce qui a été précédemment écrit, proclamé ou publié en Chine, par ordre du gouvernement, contre le culte chrétien est complètement abrogé et reste sans valeur dans toutes les provinces de l'empire. »

L'article XII avait également une grande importance pour les missionnaires de Mandchourie et pour tous leurs compatriotes en Chine ; il portait cette clause :

« Les propriétés de toute nature appartenant à des Français
dans l'empire chinois, seront considérées par les Chinois comme
inviolables et seront toujours respectées par eux. »

Lorsque Mgr Verrolles et ses prêtres connurent ce traité, ils
le saluèrent d'un cri de joie; ils n'espéraient pas voir la campagne finir si vite, et les Chinois accepter si promptement les
conditions imposées; mais bientôt ils s'étonnèrent moins de
cet empressement, quand ils virent la cour de Pékin négliger
ses promesses, ne pas publier le traité, refuser aux chrétiens
justice et liberté.

Cet état de choses aurait certainement rallumé les hostilités,
lorsqu'un fait plus grave encore fit éclater aux yeux de tous la
mauvaise foi chinoise.

L'échange des ratifications des traités devait avoir lieu
à Pékin dans le délai d'un an; lorsque les représentants de
France et d'Angleterre arrivèrent (juin 1859) à l'entrée du
Pei-ho, ils trouvèrent le fleuve barré par des estacades, et
à leurs réclamations on répondit par un refus formel de leur
livrer passage.

Les alliés voulurent prendre par la force ce qu'on leur refusait après le leur avoir solennellement promis. Ils attaquèrent
les forts de Ta-kou avec des forces numériquement insuffi-
santes, et furent repoussés. Les Français eurent une quinzaine
de marins et un officier hors de combat, les Anglais comptèrent
quatre cent trente blessés.

Devant un tel acte de perfidie, les alliés se retirèrent à Changhaï, en attendant les ordres de leurs gouvernements. C'est
alors que la France et l'Angleterre se résolurent à une action
rapide et décisive.

En vertu d'un ultimatum notifié par deux plénipotentiaires,
elles exigèrent des excuses formelles au sujet des événements
de Ta-kou, la réception et la résidence de leurs représentants
à Pékin et une indemnité de soixante millions de francs pour

chacune d'elles. Un délai d'un mois fut accordé à la Chine pour accepter ou rejeter ces propositions.

Le gouvernement impérial ayant refusé toute satisfaction, les alliés commencèrent une nouvelle expédition. La société des Missions étrangères y prit une part très pacifique, mais très utile. Deux de ses prêtres y furent interprètes : l'un du baron Gros, M. Delamarre[1], missionnaire du Su-tchuen, auteur d'un dictionnaire chinois resté manuscrit et d'une traduction de l'histoire de la dynastie des Ming, dont la moitié a été publiée ; l'autre, M. Deluc[2], ancien interprète des commandants français du corps d'expédition à Canton, devint interprète du général en chef Cousin-Montauban.

Les alliés occupèrent Ting-haï et les îles Chu-san, puis au mois de juillet ils débarquèrent à Tche-fou et à Ta-lien-ouan, sur les côtes du Tche-li ; le 28 août, ils attaquèrent les forts de Ta-kou, qu'ils prirent après cinq heures de combat ; le lendemain, ils entrèrent dans Tien-tsin.

Cette défaite ne fut pas encore une leçon suffisante pour la Chine, qui renouvela les procédés mensongers de 1858, et envoya vers les ambassadeurs européens des plénipotentiaires sans pouvoirs suffisants.

En présence de cette déloyauté, les troupes alliées continuèrent leur marche en avant, battirent l'armée chinoise à Tchang-kia-ouan, et trois jours plus tard, 21 septembre, l'armée tartare à Pali-kiao.

C'est là qu'elles apprirent le guet-apens dans lequel étaient tombés, à Tong-tcheou, des Français et des Anglais de la suite des ambassadeurs. La plupart de ces malheureux, après avoir subi d'indignes traitements, succombèrent ; parmi eux se trouvait M. Deluc. Pour le venger, on occupa et on pilla le

[1] Du diocèse de Rouen, parti en 1835, mort en 1863.
[2] Du diocèse d'Agen, parti en 1852, mort le 21 septembre 1860.

palais de l'empereur, pendant que ce dernier quittait sa capitale et se retirait à Je-ho.

Privé de son souverain, Pékin capitula le 13 octobre, sans
qu'un seul coup de canon eût été tiré, et, cinq jours plus tard,
lord Elgin fit incendier le Palais d'été, dernière vengeance de
la trahison de Tong-tcheou.

Le 26 octobre suivant, le traité de Tien-tsin fut ratifié et de
nouvelles conventions furent conclues, plus favorables que les
premières aux prédicateurs de l'Évangile.

Par l'article V, les missions devaient recevoir une indemnité
pour les pertes qu'elles avaient subies. L'article VI, plus important encore, était ainsi conçu :

« Conformément à l'édit impérial rendu le 20 mars 1846
par l'auguste empereur Tao-kouang, les établissements religieux et de bienfaisance, qui ont été confisqués aux chrétiens
pendant les persécutions dont ils ont été victimes, seront rendus à leurs propriétaires par l'entremise de Son Excellence le
ministre de France en Chine, auquel le gouvernement impérial
les fera délivrer, avec les cimetières et les autres édifices qui
en dépendaient. »

Le traité de Tien-tsin avait consacré la liberté du culte
chrétien ainsi que le droit pour les missionnaires de se fixer
dans l'intérieur de la Chine ; il avait proclamé en outre l'abro-
gation de toutes les lois chinoises rendues contre les chrétiens,
et permis aux sujets de l'empereur d'embrasser le christianisme.

La convention de Pékin fut plus catégorique encore, puisqu'elle stipula que, conformément à l'édit rendu par Tao-
kouang en 1846, et resté lettre morte, les anciens établissements religieux enlevés aux missions leur seraient rendus.

D'après le texte chinois, les missionnaires eurent en outre
le droit de louer ou d'acheter des terrains pour y construire
des églises dans toute l'étendue de l'empire.

Sur cet article, une transaction intervint plus tard. A la suite de pourparlers entre la légation de France et le Tsong-li-yamen, on convint que les missionnaires pourraient acheter des terres ou non au nom des communautés chrétiennes.

De plus, on arrêta la formule de passeports spéciaux, qui devaient être remis aux missionnaires par la légation de France seule, et qui leur assuraient une protection plus efficace qu'aux autres étrangers circulant dans l'intérieur de l'empire avec des passeports ordinaires.

De nouveaux ports étaient ouverts au commerce européen, entre autres celui de Ing-tse, au sud du Leao-tong.

Les dernières victoires si complètes des armées européennes avaient retenti en Mandchourie, et, dans la joie de ce succès, Mgr Verrolles exprimait en ces termes son espoir, que l'expérience voilait cependant de quelque doute :

« Vous connaissez, messieurs, la glorieuse expédition anglo-française de Pékin et ses précieux résultats. Nos héroïques soldats sont venus en cette extrémité du monde continuer, en ces jours mauvais, l'œuvre de nos pères, l'œuvre des croisés. Honneur à eux ! Gloire à Marie conçue sans péché, l'auguste reine de l'Église, qui a daigné diriger leurs pas et bénir leurs drapeaux ! Les voûtes de la cathédrale de Pékin, muettes depuis tant d'années, ont retenti du cantique d'actions de grâces ; nos soldats ont rendu gloire au Dieu des batailles.

« Une ère nouvelle, ère de liberté religieuse, va-t-elle enfin s'ouvrir sur ces pays infortunés ? Nous nous réjouissons tous ici dans cette heureuse espérance ; puisse-t-elle devenir une certitude ! »

Comme semblait le prévoir l'évêque, ce nouveau traité n'a pas réalisé toutes les espérances qu'il fit concevoir ; mais il a certainement rendu plus facile l'action des missionnaires, leur a permis d'étendre leurs prédications, de multiplier leurs œuvres d'éducation et de charité, d'accroître le nombre des

hommes qui reconnaissent la souveraineté éternelle du Christ
Jésus.

Pour terminer le résumé de ces événements, notons le traité
que les Russes conclurent à Pékin en 1860 et que négocia le
général Ignatief.

Ce traité donna à la Russie la rive droite de l'Ossouri jusqu'à l'Océan[1], augmentant ainsi de six cent soixante milles le
littoral des possessions moscovites sur le Pacifique.

XI

LA LIBERTÉ

Le premier usage que Mgr Verrolles fit de la liberté octroyée
aux missionnaires par les traités de Tien-tsin et de Pékin fut
d'envoyer deux de ses prêtres vers ces régions de l'extrême
nord que le P. de la Brunière avait arrosées de son sang,
que M. Venault avait visitées au prix de fatigues inouïes.

Il voulait tenter la conversion des tribus tartares et établir
un poste principal à Nicolaïevsk, la ville russe nouvellement
fondée à l'embouchure du Saghalien.

Les deux plus grands voyageurs de son vicariat, les PP. Venault et Flanclet, récemment revenus de Changhaï, partirent
pour cette expédition.

Malheureusement, l'intransigeance russe obligea les missionnaires de revenir dans le sud sans avoir pu exercer leur ministère apostolique.

---

[1] Tout ce territoire n'avait été que neutralisé par le traité d'Aïgoun, en 1858.

Quelques années plus tard une autre expédition, faite par les PP. Boyer et Dubail, n'eut pas plus de succès.

Pendant ce temps Mgr Verrolles élevait et faisait élever par ses missionnaires de nombreuses églises.

La première fut celle de Tcha-keou, que l'évêque baptisa du joli nom de Notre-Dame-des-Neiges; c'est une croix latine, longue de soixante pieds, haute de vingt-trois et large de vingt-quatre, avec des fenêtres et des portes ogivales, ornées de gracieuses colonnettes.

« A l'intérieur, disait l'évêque en complétant cette description, nous simulerons une voûte, des arceaux, des voussures, des rosaces, des archivoltes, des tympans, des modillons, etc.

« De maçons, nous nous ferons plâtriers. Puis nos verres de couleur devront être montés; au pignon sera le beau vitrail de Clermont-Ferrand, qui représente le Christ en croix, avec la Mère de douleurs et saint Jean.

« Que de beautés, messieurs, dans cette vallée sauvage et solitaire! Nos chrétiens en sont dans l'admiration la plus profonde! »

Et, ravi, l'évêque chantait ce cantique de sa composition, plus riche de piété que de poésie :

> Notre-Dame des Neiges,
> Patronne de ces lieux,
> Que ta main nous protège
> Et nous conduise aux cieux.
>
> Dans la Valle fourchue [1],
> Sur les bords du Saro,
> S'élève dans la nue
> Un monument nouveau.
>
> Jamais sur cette rive,
> Asile de douleurs,
> On n'avait vu l'ogive
> Avec ses mille fleurs.

[1] **Traduction de Tcha-keou.**

> L'écho de la vallée
> Répète, chaque jour,
> De notre Immaculée
> Le cantique d'amour.

Après l'église de Notre-Dame-des-Neiges, il fit achever l'église de Notre-Dame-des-Saules, plus tard celle de Notre-Dame-des-Pins et plusieurs autres; donnant de ces nombreuses constructions cette raison de zèle et de piété qui peut ne pas avoir la même force dans tous les pays païens, mais qui, à cette époque, était exacte en Mandchourie :

« Ces sanctuaires, ornés quelque peu, autant que le permet notre pauvreté, mais propres, élégants même, contribueront sans doute à relever notre sainte religion aux yeux des païens et prépareront les cœurs à la grâce de Dieu; car c'est surtout en Extrême-Orient qu'il faut parler au peuple par les sens.

« Ces gens-ci ne raisonnent pas ou fort peu. Ils vivent d'instinct, suivent ce qui leur plaît dans un étourdissement complet, emportés par ce tourbillon de la vie présente qui absorbe toutes leurs pensées, désirs et affections. »

Près de l'église de Notre-Dame-des-Pins il fit construire un séminaire, qui remplaça avantageusement celui de Pa-kia-tse, bien situé en 1841, parce qu'il était plus éloigné des mandarins chinois, mais trop en dehors du centre des principales paroisses telles qu'elles avaient été établies depuis que les prédicateurs de l'Évangile jouissaient d'une certaine liberté.

Tout en surveillant ces travaux que les Chinois exécutaient en suivant à peu près ses plans, Mgr Verrolles donnait ses soins à son district, car à cette époque où les missionnaires étaient rares, le vicaire apostolique était curé en même temps qu'évêque.

Il songeait aussi aux demandes que lui avaient faites plusieurs sociétés savantes, et envoyait en France des vers à soie, avec toutes les informations désirables sur leur élevage, leur nourriture et l'industrie séricicole en Mandchourie.

C'est à la suite de cet important envoi et de plusieurs autres communications scientifiques qu'il reçut, avec quelques évêques et prêtres des Missions étrangères, le diplôme de membre honoraire de la Société d'acclimation, que M. Geoffroy Saint-Hilaire envoya à M. Albrand, supérieur du séminaire, en l'accompagnant de la lettre suivante :

« Monsieur le Supérieur,

« J'ai l'honneur de vous adresser, avec votre diplôme de membre honoraire de la Société impériale d'acclimation, qui est heureuse et honorée de vous posséder dans son sein, les diplômes de NN. SS. Pallegoix, Retord et Verrolles, et de MM. Bertrand et Furet, nommés membres honoraires dans la séance du 16 mars.

« J'ai pensé que vous voudrez bien vous charger de leur faire parvenir les lettres d'avis et les diplômes, et leur faire connaître quel prix nous attachons à leur acceptation.

« J'ai été heureux, monsieur le Supérieur, en faisant comme président un rapport sur les présentations du bureau, de rappeler les services que les Missions étrangères ont rendus de tout temps à l'Europe, en y faisant connaitre les productions utiles des pays étrangers, et de témoigner publiquement de notre reconnaissance particulière pour tous ceux qui ont été rendus à la Société. Depuis qu'elle existe, elle a trouvé dans votre vénérable et regretté prédécesseur, M. l'abbé Barran, dont notre Société conserve avec gratitude et respect le souvenir, un concours et un appui dont vous voulez bien nous faire espérer la continuation et dont nous sentons bien tout le prix. »

Les traditions dont parlait M. Geoffroy Saint-Hilaire ne

sont point oubliées parmi les missionnaires, et ceux qui rendent aujourd'hui service à la science sont plus nombreux que jamais : on les trouve à Siam, à Pondichéry, en Annam, au Japon, en Corée, au Thibet, en Chine ; partout où les ouvriers apostoliques peuvent disposer de quelques heures, ils les consacrent volontiers à recueillir des plantes, à étudier les mœurs d'animaux

Moukden. — Cimetière chinois.

inconnus de nos contrées occidentales, à composer des livres non seulement de prières et de doctrine, mais encore de linguistique, de géographie et d'histoire.

Cependant ce n'est évidemment pas là leur grand labeur, parce que ce n'est pas le but de leur vie. L'apostolat n'exclut pas la science, mais il exige plus de charité, parce que la charité atteint et sauve un plus grand nombre d'âmes ; aussi l'exerce-t-il toujours, se servant de toutes les circonstances pour accroître ses succès.

XII

DE SAINTES MORTS. — LES RELIGIEUSES DE LA PROVIDENCE DE PORTIEUX

Les terribles massacres qui ensanglantèrent Tien-tsin en 1870 eurent naturellement leur écho en Mandchourie.

« Depuis cette époque, écrivait un missionnaire le 28 octobre de la même année, nous sommes dans une position très critique. L'avenir n'est pas rassurant. Qu'arrivera-t-il? C'est le secret du bon Dieu.

« Mais, à en juger par les rumeurs qui circulent à l'intérieur, de grands dangers nous menacent cet hiver.

« Dans toute la mission, les païens répètent sur tous les tons qu'on n'attend que la fermeture du fleuve pour exterminer les chrétiens. La sanglante et terrible guerre de Prusse empêche la France de s'occuper efficacement du massacre, et ce massacre non châtié, c'est le glaive de Damoclès suspendu sur nos têtes et sur celle de tous les résidents européens, car les Chinois nous confondent tous dans la même haine.

« A Ing-tse, quelques précautions ont été prises. Les résidents se sont organisés en volontaires. Une canonnière anglaise et quelques soldats de marine ont été envoyés, en tout une soixantaine d'hommes, pour la défense de la concession.

« C'est peu, mais je crois que cela suffit, car les Chinois d'ici sont moins turbulents que ceux du sud. Cette canonnière, en défendant la place d'Ing-tse, nous défend tous indirectement, et tant qu'Ing-tse tiendra bon, les confrères auront, j'espère, moins à craindre. Puissent mes espérances ne pas être déçues ! »

Elles ne le furent pas, et la mission de Mandchourie n'eut aucun malheur grave à déplorer ; mais presque chaque jour elle fut agitée par des alertes, des craintes, des rumeurs malveillantes, qui entravaient l'exercice du saint ministère et jetaient les hommes apostoliques dans une angoisse continuelle.

Ce ne fut pas la seule épreuve. En 1871 mourut à An-sin-tai M. Mallet, un pieux missionnaire dont les continuelles souffrances n'avaient pu arrêter le zèle ; puis ce fut la ruine de nombreux chrétiens, lorsque le Tsing-lin déborda : l'inondation désola la préfecture de Kai-tcheou, en particulier la paroisse de Yang-kouan, qui la première avait ouvert ses portes à Mgr Verrolles en 1840.

Au milieu de la nuit, les maisons furent submergées et beaucoup emportées par le torrent ; les chrétiens s'enfuirent sur la montagne voisine. Le spectacle de leur douleur était déchirant : les petits enfants transis de froid sanglotaient ; les hommes et les femmes récitaient leur chapelet, mettant tout leur espoir en Marie immaculée.

« C'est aujourd'hui samedi, se répétaient-ils les uns aux autres, la sainte Vierge nous sauvera. »

Hélas ! l'inondation montait toujours.

Un missionnaire, M. Noirjean, les consolait et les encourageait, prêt à leur donner l'absolution si le danger devenait plus pressant.

Le jour éclaira enfin la lugubre scène. Les eaux du Tsing-lin couraient sur le toit des maisons, l'église Saint-Hubert et le presbytère « étaient baignés comme des navires au milieu de l'océan ». Yang-kouan n'était plus qu'un grand lac d'eau jaunâtre ; et pour comble de malheur, sur une grande partie du parcours du Tsing-lin, le désastre n'était pas moindre.

Aussitôt averti, le missionnaire de Ing-tse, M. Delaborde, fit part de ce malheur au résident anglais, M. Bush, protestant fort bienveillant pour les catholiques.

« En pareil cas, répondit ce dernier, nous avons l'habitude de faire une souscription, mais l'urgence des besoins ne permet pas de délai. Mon avis est donc qu'il faut courir au plus pressé, c'est-à-dire pourvoir à la nourriture des malheureux exposés à mourir de faim; nous nous occuperons ensuite d'organiser une souscription. »

Et sur-le-champ il remit au missionnaire trente-sept taëls (environ deux cent quatre-vingts francs); le lendemain, une souscription fut commencée pour subvenir aux besoins des infortunés, qui, en une nuit, avaient perdu à peu près tout ce qu'ils possédaient.

Après les tristesses, la joie; après le deuil, les fêtes: c'est ordinairement le sort de toute existence, même des plus décolorées.

L'inondation et les ruines de Yang-kouan avaient désolé les missionnaires de Mandchourie, la pose et la bénédiction solennelle de la première pierre de l'église d'Ing-tse les réjouirent. En ce jour-là, le drapeau de la France fut arboré près de la croix.

Le secrétaire de la légation française à Pékin, le comte de Kergariou, était de passage à Ing-tse; le missionnaire chargé de ce poste, M. Simon, successeur de M. Delaborde, alla lui demander de vouloir bien assister à la cérémonie.

M. de Kergariou accepta gracieusement l'invitation; entouré des plus notables résidents européens qui, bien que protestants, lui faisaient cortège, il donna le coup de marteau traditionnel à la pierre bénite. Ses compagnons l'imitèrent, pendant que les enfants des catéchuménats et de l'école chantaient le noël chinois à l'Enfant Jésus; et tous, y compris les dames anglaises, allèrent signer le procès-verbal d'érection.

« Quand les marins découvrent une nouvelle terre, faisait remarquer à ce sujet le P. Simon, ils s'empressent d'y descendre et d'y dresser un monument quelconque, pour en prendre possession au nom de leur souverain.

« Et moi aussi, en élevant cette chapelle, j'entends m'emparer au nom du Seigneur de tout le sud de la Mandchourie. »

Le prêtre qui écrivait ces lignes éloquentes fut un des meilleurs ouvriers apostoliques qu'ait vu passer la mission. D'une piété tendre, d'un zèle ardent, d'un grand cœur que sa vive délicatesse fit souvent souffrir, il réalisa en peu d'années beaucoup d'œuvres : catéchuménats, écoles, orphelinats, sans parler de l'élan qu'il imprima à une société de baptiseurs.

Il mourut après six ans d'un travail acharné, le 12 décembre 1874, à Ing-tse, emportant dans la tombe l'estime et les regrets des catholiques, des protestants et des païens, qui tous s'unirent dans une douloureuse pensée de regret pour le saluer une dernière fois.

Les travaux que M. Simon accomplissait au sud de la mission, M. Noirjean les commençait dans l'extrême nord, sur le grand plateau mongol, à Païen-sou-sou, ville bâtie de toutes pièces il y a une trentaine d'années, au milieu d'une forêt vierge dont on avait abattu les arbres selon le besoin, le caprice ou l'intérêt.

Les déboires, les vexations, les privations, les épreuves de toutes sortes qu'eurent à subir les missionnaires sont incalculables.

Le jour serait peut-être venu de les raconter, mais lui-même nous a priés de ne pas le faire.

« L'œuvre a réussi, nous a-t-il dit; Dieu sait ce que j'ai souffert; qu'importe que les hommes l'ignorent! »

C'est oublier l'édification qui naît d'une foi vive, d'un courage à toute épreuve, d'un zèle ardent. Cependant nous respectons la volonté de l'apôtre, nous contentant de citer ces lignes éloquentes écrites par un de ses compagnons d'armes, le P. Letort :

« Quand les générations que le P. Noirjean a marquées du

signe de la croix seront disparues, son souvenir, comme celui des premiers apôtres de nos églises occidentales, restera vivant; son nom sera béni du Saghalien au Soungari. »

Pendant que sous le pas de ses prêtres germait la semence du salut, Mgr Verrolles songeait à procurer à sa mission le bienfait de la présence des religieuses européennes; c'était, d'ailleurs, un de ses anciens projets.

Il s'adressa à la congrégation de la Providence de Portieux, fondée au siècle dernier par un prêtre des Missions étrangères, avant son départ pour la Chine : M. Moye, aujourd'hui déclaré vénérable.

Certaines filiations imposent des devoirs, la congrégation de la Providence le comprit. Son fondateur avait eu à plein cœur le désir de la conversion des infidèles, elle fut heureuse d'accepter ce qui lui sembla une part de son héritage. Lorsque la supérieure fit appel au dévouement de ses religieuses, plus de quatre-vingts demandèrent avec instance à partir[1].

On en choisit cinq qui s'embarquèrent au mois de mai 1875.

Le petit couvent préparé par les missionnaires de Mandchourie pour les religieuses ressemblait beaucoup, par sa pauvreté, à ceux que sainte Thérèse établissait au début de ses fondations :

« C'était une petite maison mi-chinoise et mi-européenne, composée de cinq pièces au rez-de-chaussée; le dortoir servait de cave et de grenier. »

L'impression des sœurs de la Providence à la vue de l'orphelinat se traduisit par ces lignes qui n'ont besoin d'aucun commentaire :

« Nos cœurs ont été navrés de douleur, à l'aspect de ces pauvres enfants sales, couverts d'un misérable haillon, végé-

---

[1] Quelques mois après, une nouvelle fondation au Cambodge ayant été décidée, plus de cent cinquante demandes témoignèrent du zèle de ces saintes religieuses.

tant dans un petit réduit, une seule pièce leur servant de dortoir, de réfectoire, de classe. »

Les saintes filles portèrent vite dans cette cabane la propreté, l'ordre, et ce quelque chose de gracieux qui orne tout ce qu'elles font.

Bientôt, elles aussi apprirent par expérience qu'en voulant creuser son sillon on creuse parfois sa tombe. La mort les visita ; elle les fit pleurer et prier, et non trembler.

Dès leur arrivée en Mandchourie, deux d'entre elles succombèrent à la maladie.

« Notre chère compagne, sœur Maria Scherrer, vit arriver la mort sans effroi, écrivait sœur Stanislas Rieger de la première de ces religieuses ; pas un sentiment de crainte ni de trouble n'a passé sur cette âme privilégiée. Elle reçut les derniers sacrements avec cette foi vive et cette piété angélique qui la caractérisaient ; malgré le désir de faire encore quelque bien, elle se résigna à la volonté de Dieu avec la plus amoureuse soumission. Aussi, à la vue d'une mort aussi douce, nous ne pûmes que nous écrier : « Qu'il fait bon mourir en mission ![1] »

Sœur Maria Scherrer, née en 1835, était entrée en religion en 1853. Occupée d'abord en Alsace à l'éducation des jeunes filles, elle avait fait preuve d'une activité et d'une douceur parfaites.

En 1874, elle fut, comme toutes les sœurs françaises, expulsée des pays annexés, revint à la maison mère et sollicita ardemment d'être du nombre des élues pour la Mandchourie. Elle mourut au début de sa carrière, comme les soldats d'avantgarde qui tombent sous le premier feu de l'ennemi.

Sœur Perpétue, une jeune religieuse de trente et un ans, la suivit bientôt au ciel ; elle fut assistée à ses derniers moments par Mgr Verrolles.

---

[1] *Annales de la Sainte-Enfance*, vol. 27, p. 171.

Le vieil évêque voulait donner ce témoignage d'estime aux vaillantes filles qui avaient eu assez de dévouement pour le suivre sur les terres lointaines; ce fut aussi une consolation à la douleur qu'il éprouva de parler de Dieu à la mourante, de voir sa résignation et de recevoir sa promesse d'intercession en faveur des pauvres païens qu'il évangélisait depuis bientôt cinquante ans.

Mais l'élan pour les missions étrangères était donné dans la congrégation de la Providence de Portieux, et les vides furent bientôt comblés.

« A tout édifice, il faut des fondements solides, écrivait l'une d'elles. Dieu a pris nos chères sœurs pour les faire; mais ensuite d'autres pierres sont nécessaires pour élever le monument, nous y allons. »

C'était noblement comprendre l'action de Dieu et l'économie du sacrifice dans le monde.

Sous l'intelligente et pieuse direction des religieuses, l'œuvre de la Sainte-Enfance prospéra rapidement. A l'orphelinat d'Ing-tse, des travaux importants furent exécutés; les salles, trop petites, mal aérées, mal distribuées, furent agrandies.

Les missionnaires dont les paroisses étaient dotées d'orphelinats tenus par les vierges chinoises égalaient par leur activité les religieuses de la Providence. Entre elles et eux, c'était la sainte émulation du bien.

Le gros bourg de Lien-chan, sur la route impériale de Pékin à Moukden, possédait un orphelinat parfaitement tenu.

« Chaque jour, écrivait le P. Letort, le missionnaire qui en était chargé, chaque jour les visiteurs et surtout les visiteuses affluent, et le nombre des enfants augmente. »

Malheureusement, la famine vint, en 1896, s'abattre sur cette partie de la Mandchourie.

« Les pauvres, dit le P. Letort, ont porté tous leurs habits dans les monts-de-piété pour ne pas mourir de faim, et ils meurent de froid.

« N'avoir ni couvertures, ni habits, pas de chauffage, rien à manger, des maisons ouvertes à tous les vents et d'immenses fenêtres en papier : telle est la position de tous les pauvres par un froid de trente degrés et plus. Leur dernière ressource est l'émigration, et c'est là surtout que la mort atteint les enfants.

« La route impériale de Pékin à Moukden traverse mon district de l'est à l'ouest, et fréquemment j'ai l'occasion de la parcourir. Chaque jour, du matin au soir, ce n'est qu'une longue traînée d'émigrants qui partent pour les provinces du Soungari et du Saghalien, où la récolte a été bonne.

« Les femmes, à cause de leurs petits pieds, marchent difficilement, bien qu'aidées d'un bâton. On voit ces malheureuses courbées en deux, les bras croisés sur la poitrine, grolottant de froid dans leurs minces habits. Leur visage, flétri par la misère et le vent du nord, exprime l'épouvante et donne l'idée de la mort.

« Les enfants déjà un peu grands suivent demi-nus, pleurant et faisant des génuflexions aux passants pour essayer d'exciter leur pitié; les plus petits sont dans deux paniers pendus aux extrémités d'une longue perche, et le père les porte sur l'épaule. Et, coûte que coûte, il faut marcher, les pieds dans la neige ou la poussière, et cela dans un pays où l'hospitalité est très peu en honneur.

« Si le beau soleil de Mandchourie luit, les figures se dégèlent un peu; mais quand arrive le si terrible et si fréquent vent du nord, alors le tableau devient épouvantable. En un instant, tout est glacé, même quand on est vigoureux.

« Et ces malheureux s'en vont ainsi à trente ou quarante jours de marche. Souvent le père et la mère offrent leurs enfants aux habitants des villages qu'ils traversent; mais dans une année de disette, qui voudrait s'en charger? Personne, sinon la charité chrétienne. Mais elle n'a pas de ressources inépuisables, et alors... »

Ces misères qu'il ne pouvait que bien incomplètement soulager n'attristaient pas seules l'évêque; d'autres lui venaient des mandarins hostiles au catholicisme, qui continuaient de harceler les missionnaires et les chrétiens.

A Païen-sou-sou, M. Noirjean avait à lutter contre une mauvaise volonté toujours évidente; à Ache-heu, M. Aulagne souffrait d'une position presque aussi précaire; dans d'autres postes, les prédicateurs de l'Évangile avaient également à se plaindre.

Mˢʳ Verrolles, ayant adressé à Moukden plusieurs lettres qui restaient sans réponse, prit le parti d'aller présenter de vive voix ses observations au ministre de France en Chine, M. Brenier de Montmorand. Une fois encore il se mit en route, trouva le ministre à Tche-fou, et lui fit part de la situation pleine de menaces qui attristait son vicariat.

Le diplomate français ne put voir sans attendrissement ce vieillard, qui depuis de si longues années consacrait sa vie à l'apostolat, bravant les misères, les fatigues, les déboires et tout ce cortège de douleurs qui accompagne l'existence du missionnaire.

Il lui promit d'agir énergiquement à Pékin; il le fit, et ses observations adressées au Tsung-li-yamen amenèrent une certaine détente.

Pour combien de temps?

Les Chinois excellent à ces accalmies passagères, capables d'inspirer confiance en leur bonne foi à ceux qui ne connaissent pas à fond leur caractère.

Depuis longtemps, Mˢʳ Verrolles savait à quoi s'en tenir, mais il ne s'en inquiétait et ne s'en affligeait plus; comme les vieux marins qui savent par une expérience déjà longue qu'on ne peut naviguer sans éprouver de tempête, il en avait pris son parti, il profitait des jours de calme et pour l'avenir se reposait en la Providence.

Le 29 avril 1878, le vieil évêque mourut; il était le doyen des vicaires apostoliques d'Extrême-Orient, il avait soixante-treize ans d'âge, quarante-neuf ans et dix mois de sacerdoce, et trente-huit ans d'épiscopat. Il fut déposé dans l'élégante église de Ing-tse, honneur que Dieu dut aimer à voir rendre au fidèle serviteur qui avait montré tant de dévouement pour élever et embellir ses temples.

En annonçant cette mort aux directeurs du séminaire des Missions étrangères, un des futurs successeurs de Mᵍʳ Verrolles, le P. Boyer, écrivait ces lignes qui résument brièvement, avec l'état passé et présent de la mission, la carrière du prélat :

« Il a trouvé la Mandchourie démembrée, dénuée de tout, presque morte; il l'a laissée pleine de vie et d'avenir, parée de vingt-trois missionnaires, d'un séminaire, de communautés religieuses et d'églises. »

Ses successeurs, Mᵍʳ Dubail, Mᵍʳ Boyer et Mᵍʳ Raguit, ne firent que passer à la tête du vicariat apostolique; ils y demeu-rèrent cependant assez longtemps pour composer le directoire de la mission, établir des prêtres dans de nouveaux districts, voir deux de leurs missionnaires, les PP. Noirjean et Con-reaux, maltraités par les Chinois, qui voulurent les empêcher de se fixer à Hou-lan.

XIII

Mgr GUILLON. — TRAVAUX. — LA HAINE PROTESTANTE

Mgr Guillon leur succéda en 1889. Il avait trente-cinq ans, une grande activité, beaucoup de savoir-faire et un désir ardent d'étendre le règne du vrai Dieu dans les âmes. Les circonstances l'ont bien servi, mais assurément lui et ses missionnaires ont su se servir des circonstances, car, à première vue, toutes n'étaient pas favorables au catholicisme. Ce fut d'abord la guerre sino-japonaise.

Vers la mi-octobre, les missionnaires apprirent que l'armée japonaise venait de passer le Ya-lou, fleuve qui forme la frontière coréenne, et qu'elle chassait devant elle les troupes du céleste Empire, entièrement démoralisées par des défaites successives sur terre et sur mer.

Décrire la panique que les défaites de l'armée chinoise semèrent dans le pays serait chose impossible. Le commerce fut complètement arrêté, et les habitants émigrèrent en masse vers le nord ; ils furent remplacés dans les villages par des hordes de brigands et de soldats se distinguant à peine les uns des autres, qui mirent tout à feu et à sang et ne laissèrent après eux que la misère et la ruine.

L'évêque avait prescrit des prières dès le début de la guerre, afin d'attirer sur la mission la protection de Dieu.

Après s'être adressé au Ciel, il eut recours aux hommes ; il était de ceux qui savent ne rien négliger. Il recommanda les missionnaires et les religieuses à la canonnière américaine qui était dans le port d'Ing-tse. Le commandant Emory, excellent catholique, et ses officiers prouvèrent par leurs actes qu'on pouvait compter sur eux.

L'évêque invita ensuite ses prêtres les plus menacés à se retirer à Ing-tse; aucun ne le fit, ils préférèrent rester au milieu de leurs chrétiens pour les fortifier par leur exemple et les retenir dans leurs foyers.

Pendant toute la campagne, de nombreuses alertes mirent le trouble en bien des districts. La première eut lieu à Siao-hei-chan. Ce poste, situé sur la route impériale de Pékin à Moukden, était plus exposé que tout autre aux violences des troupes qui arrivaient du Pe-tche-li.

Le 3 novembre, une compagnie de cinq cents soldats fit tout à coup irruption dans la cour de la résidence, devant l'église, criant et vociférant :

« A mort! à mort! Tuons, brûlons les diables! »

Les PP. Viaud et Perreau n'échappèrent à la mort qu'en escaladant à la hâte le mur d'enceinte, pour se cacher dans les profonds ravins du voisinage.

De leur côté, les orphelines purent se soustraire aux brutalités d'une soldatesque indisciplinée. Les soldats emportèrent les objets du culte et les vêtements qui leur tombèrent sous la main. Le même danger se renouvela à plusieurs reprises; mais les ordres du vice-roi de Moukden devenant plus fréquents et plus formels, les officiers supprimèrent dans leur ordre de marche l'étape de Siao-hei-chan.

Les stations de Kou-kai-tsai, de Jen-pou, furent également pillées.

Heureusement il n'en fut pas de même partout : l'établissement des sœurs de la Providence à Tong-kia-touen, même après la déroute des Chinois à Kouang-sai, dont il n'est distant que de quelques kilomètres, n'eut rien à souffrir du passage des armées. Par son imperturbable sang-froid, le

P. Letort réussit à contenir les soldats qui furent souvent ses hôtes forcés, et préserva l'établissement du pillage.

Nieou-tchouang eut, pendant de longs mois, à subir toutes les horreurs de la guerre. Après la prise de Hai-tcheng, les Chinois vaincus s'abattirent sur cette malheureuse ville et, sous prétexte d'enlever une bonne proie aux Japonais, la livrèrent à un pillage effréné.

Le P. Flandin passa l'hiver au milieu d'eux. Il eut beaucoup à souffrir, mais son courage ne se démentit pas ; par son calme et sa prudence, il sut gagner tour à tour la sympathie des Chinois et des Japonais et préserver sa résidence et son église.

Les Japonais avaient à peine évacué le Leao-tong, que les ministres protestants, qui l'avaient quitté pendant la guerre, y revinrent. Jusqu'alors, sauf deux ou trois exceptions, ils n'avaient pas attaqué le catholicisme ; cette fois, leur conduite fut toute différente.

En cherchant le motif de ce changement, on a dit et peut-être même prouvé que c'était la colère causée par l'abandon de leurs adeptes qui retournaient au paganisme ou passaient au catholicisme. Toujours est-il que la prise d'armes commença par un long article envoyé au *Daily News,* de Changhaï, et paru dans le numéro du 8 avril.

Là, après une apologie de leurs missions dans la ville de Moukden, les ministres essayaient d'expliquer la conversion au catholicisme de leurs anciens fidèles, et ne craignaient pas d'attribuer aux missionnaires de la capitale les principes les plus incompatibles avec l'honneur et la morale la moins rigide.

Ensuite, ils adressèrent à l'évêque plusieurs lettres pour le prier de retirer ses prêtres et ses catéchistes des villes et des villages où eux-mêmes s'étaient établis.

Ils demandaient en quelque sorte la division de la Mandchourie en deux parties : l'une réservée aux catholiques, l'autre aux protestants.

Mgr Guillon n'acceptant pas leurs offres, ils le menacèrent de soulever contre lui « une tempête telle qu'il serait forcé de la regretter, sans avoir le moyen d'y mettre un terme ».

Le plus ancien d'entre eux, M. Ross, qui s'était déjà signalé par un odieux pamphlet publié en 1877 et 1878 contre Mgr Verrolles et ses prêtres, adressa un factum daté du 17 mars au *Presbyterian Missionary Record*, qui le publia le 1er juillet 1896.

Il y mettait en cause les catholiques, les missionnaires et l'évêque, qui s'étaient laissés aller, disaient-ils, à des actes indignes, ou plutôt dignes des sauvages de l'Afrique centrale. Tout cela à propos d'un protestant converti qu'ils regagnèrent au prix de huit cents ligatures.

Mais ce n'était là que le prélude d'une campagne plus sérieuse, habilement destinée à préparer l'opinion.

Le principal rôle, cette fois-ci, fut joué par le consul anglais du port de Nieou-tchouang, qui se qualifiait aussi de chargé des intérêts français en Mandchourie.

Pour le décider à agir, la calomnie ne suffisant pas, les protestants lui firent entendre que l'évêque catholique à Moukden personnifiait l'influence française au détriment de l'influence anglaise ; qu'il y était honoré, considéré, vivait en relations directes et intimes avec le gouverneur et ses officiers ; qu'en somme, lui, consul de Sa Majesté britannique et vice-consul de France, devenait inutile aux yeux des autorités chinoises.

L'Anglais comprit tout de suite le parti que sa patrie et lui pouvaient tirer de la situation. Accordant une créance complète à ces accusations mensongères, sans prévenir l'évêque, sans nul désir d'entendre d'abord les accusés, il lança des ordres intimant aux autorités chinoises d'avoir à sévir en toute rigueur contre les catholiques.

D'abord, il exigeait une proclamation officielle, véritable
édit de proscription, contre un prêtre et un catéchiste dont
l'influence gênait les ministres. Le but évident de cette pièce
était la diffamation et la calomnie, car les accusés en question
n'avaient jamais discontinué leur ministère public, et personne
n'avait jamais essayé de les arrêter.

Mgr Guillon en appela aussitôt à la justice du gouverneur de
Moukden, en le priant de surseoir à l'affichage de cette pièce,
où nul délit n'était allégué contre les deux prétendus coupables.
Le gouverneur s'y prêta volontiers.

Mais le consul anglais revint à la charge et, s'appuyant
sur les traités, disait-il, il fit entendre que ni évêque, ni
prêtre, ne pouvait avoir des rapports avec les autorités
chinoises sans passer par son entremise. Il fit ainsi fermer
aux missionnaires les portes des mandarinats et des tribunaux.

Ces faits et d'autres encore ne s'étaient pas passés sans que
l'évêque eût prévenu le ministre de France à Pékin, M. Gérard.

Dans les annales des Missions de Chine, M. Gérard aura
une place à part, plus élevée assurément que celles de tous
nos diplomates qui s'y sont succédé depuis quarante ans.

Il a montré toutes les qualités rares et très hautes, nécessaires dans ce poste : la finesse, la vigueur, l'esprit de suite,
la fécondité des expédients, le sang-froid, la discrétion.

Quand il apprit les événements de Mandchourie et la conduite
du consul anglais, il pria celui-ci de cesser ses fonctions de
vice-consul de France et envoya à Ing-tse le consul de Tien-
tsin, le comte du Chaylard.

Ce fut un revirement complet : la liberté fut rendue aux
catholiques, la proclamation infamante retirée et remplacée
par une autre, bienveillante et équitable ; les portes du prétoire
furent ouvertes de nouveau aux missionnaires. En un mot, la

situation fut rétablie telle qu'elle était avant les abus d'autorité de l'agent anglais.

Au milieu de ces événements si divers, un mouvement extraordinaire vers le catholicisme se dessine dans toute la Mandchourie, mais principalement dans le nord. Le chiffre de ceux qui demandent à embrasser notre religion s'élève à plus de quarante mille.

Dans le district de Siao-hei-chan, cent cinquante nouveaux villages se sont ouverts à l'Évangile, et le missionnaire a, pendant ces deux dernières années, baptisé plus de douze cents adultes; dans celui de An-sin-tai, si longtemps stationnaire avec ses deux ou trois petits postes, deux mille cent individus appartenant à soixante-cinq villages se sont fait inscrire sur les rôles du catéchuménat. Le missionnaire de Nieou-tchouang, le P. Flandin, a des milliers de néophytes dans la ville de Haï-tcheng et dans les cités plus lointaines de Feung-hoang-tcheng et de An-tong-sien, tandis que le P. Villeneuve s'est installé dans quatre gros villages des frontières de la Corée.

Hou-lan même, la ville qui avait fermé ses portes aux PP. Noirjean et Conraux, s'est ouverte pour le P. Souvignet, au prix du sang du missionnaire, il faut bien le dire; bref, il y eut en ce moment en Mandchourie une intensité de vie apostolique extraordinaire. Du reste, à ceux qui savent les soins que les missionnaires prennent avant de donner le baptême à des païens, les précautions dont ils entourent leur persévérance future et le temps de probation qu'ils exigent, il suffira de dire qu'en 1897, 1898 et en 1899, onze mille deux cent treize adultes ont été régénérés dans l'eau sainte, pour qu'ils comprennent très exactement l'importance de ce mouvement, les espérances fondées de l'avenir.

Il ne suffit pas, en effet, qu'un homme se déclare désireux du baptême pour qu'on le lui donne; il faut encore qu'il étudie et apprenne la doctrine catholique, qu'il y conforme sa conduite, en un mot, qu'il prenne l'esprit chrétien. J'ai vu de ces néophytes, pères de famille irréprochables, instruits, bien disposés, qu'on a fait attendre huit mois, dix mois, et même une année ; d'aucuns jugeront sans doute que ce temps est bien long, et que, dans les premiers siècles de l'Église, les apôtres et leurs successeurs étaient moins difficiles. Nous n'y contredirons pas, mais la chose est ainsi, et nous la constatons.

En face de cet accroissement du nombre des chrétiens, le souverain pontife a, par un bref du 10 mai 1898, divisé la Mandchourie en deux vicariats apostoliques, sous le nom de Mandchourie méridionale, dont l'évêque demeure à Moukden, et de Mandchourie septentrionale, confié à Mgr Lalouyer, qui a pour résidence épiscopale Ghirin.

Le premier vicariat, d'après les brefs apostoliques qui s'en tiennent purement aux limites civiles, n'embrasse plus que la seule province de Moukden.

De Port-Arthur, qui est à l'extrême sud, jusqu'à Ta-pa-kia-tze ou Hoai-teu-hien, la ville la plus au nord, il y a cent cinquante lieues ; et de la grande muraille, à l'ouest, jusqu'aux confins du district de Tong-hoa-sien, sur les bords du Ya-lou-kiang, on en compte plus de deux cent cinquante. On évalue la population totale à dix millions d'habitants. La population catholique est actuellement de vingt mille cinquante fidèles divisés en vingt-cinq postes ou districts, dont onze ont été établis ces dernières années.

Personnel : 1 évêque, 21 missionnaires, 8 prêtres indigènes, 4 théologiens, 45 latinistes, 115 catéchistes, maîtres et maîtresses d'école, 37 baptiseurs et baptiseuses ambulants, 16 religieuses de la Providence de Portieux, 32 novices indigènes, leurs auxiliaires.

Établissements : 25 postes ou districts, 234 chrétientés, 2 séminaires avec 49 élèves, 1 communauté de vierges indi-

gènes avec 15 sœurs ou novices, 78 écoles de garçons avec
1233 élèves, 69 écoles de filles avec 1595 élèves, 14 orphelinats avec 1180 enfants, 2 ouvroirs, 4 ateliers, 1 ferme, 4 phar-
maciens; catéchuménats dans chaque district.

Parmi ces établissements, les sœurs de la Providence ont
sous leur direction à Moukden, Ing-tse, Tong-kia-touen et

Vue de Port-Arthur. (D'après une photographie.)

Cha-ling : 6 orphelinats et 8 écoles comprenant ensemble
771 orphelins ou élèves, 4 ateliers, 1 ferme, 2 ouvroirs,
4 catéchuménats de femmes avec 157 catéchumènes, 3 hospices
où 123 malades ont été ondoyés à l'article de la mort, 4 pharmacies ou dispensaires où 6247 malades ont reçu gratuitement
des remèdes, et dans lesquels les sœurs ont baptisé 5136 enfants
de païens moribonds.

L'administration, pendant l'exercice 1899, a donné 4027 baptêmes d'adultes, 8150 enfants de païens *in articulo mortis* et 510 d'enfants de chrétiens, 10856 confessions annuelles, 6475 communions pascales, 514 confirmations, 198 mariages, 188 extrêmes-onctions.

La Mandchourie septentrionale embrasse un vaste territoire d'environ trois cent lieues de long sur deux cent cinquante de large ; sa population totale peut être évaluée à huit ou dix millions d'habitants, et les catholiques, d'après le recensement de 1898, sont au nombre de 7568.

Elle compte actuellement 46 chrétientés, avec 12 stations principales, dont deux établies tout récemment dans les villes de Ghirin et de Koan-tcheng-tze ; un collège avec une douzaine de latinistes et un couvent avec 30 vierges ou novices chinoises ; 5 orphelinats où sont entretenus 210 enfants, et 36 écoles de garçons et de filles, fréquentées par 966 élèves. L'administration annuelle, en 1898, a donné 446 baptêmes d'adultes, 362 d'enfants de chrétiens et 1057 d'enfants de païens *in articulo mortis;* 4866 confessions annuelles et 3545 communions pascales.

Tel est le résumé de soixante ans de travaux dans un pays immense, sous un climat rigoureux, au milieu d'une population grossière, parfois hostile, plus souvent indifférente, préoccupée des choses de la terre et non de celles du ciel, que le protestantisme n'a pas encore sérieusement entamée, mais que les Russes vont s'annexer, car ils se sont répandus dans les provinces de Tsi-tsi-kar, de Ghirin et de Moukden, ne molestant personne, ne gênant aucune liberté, n'attaquant et ne changeant aucune coutume locale, mais agissant absolument comme s'ils étaient les maîtres; allant, venant, campant où bon leur semble, étudiant le pays, traçant leurs voies de chemins de fer et commençant à les exécuter.

Ils ont été polis pour les missionnaires, mais ne leur ont

demandé que peu de services ; et quand l'évêque a voulu visiter Port-Arthur, qui relève de sa juridiction spirituelle, ils ne le lui ont pas permis. Le vieil exclusivisme qui avait renvoyé de Nicolaïevsk les missionnaires d'autrefois, semble subsister encore.

Dans ces conditions, quel sera l'avenir ? Catholiques de Mandchourie, que Dieu vous garde à l'Église romaine !

XIV

LES BOXEURS. — MASSACRES

Ces lignes étaient à peine écrites que les troubles causés par de nombreuses bandes de Boxeurs, excités et soutenus par le gouvernement chinois, s'étendaient en Mandchourie.

Le 25 juin, le provicaire de la Mandchourie méridionale, le P. Choulet, exposait la situation en ces termes d'une exactitude absolue :

« Nous sommes sur un volcan. On est effrayé de voir avec quelle rapidité le mouvement des Boxeurs se propage. Il y a un mois on en parlait à peine, actuellement tous les confrères écrivent que leurs postes en sont infestés, et partout c'est la même rage contre nous, nos églises et nos chrétiens. Quand vous recevrez cette lettre, il est probable qu'il ne restera plus que des cendres de notre chère mission. »

En face de cet avenir qui s'ouvrait si menaçant, des précautions avaient été prises ; les religieuses de la Providence d'Ing-tse avaient renvoyé les vierges chez leurs parents, et placé les plus grandes orphelines dans de bonnes familles chrétiennes.

A Moukden, où Mgr Guillon venait de rentrer d'une tournée pastorale, la situation était très mauvaise.

« Il était convenu que le 26 de la lune, fête du Sacré-Cœur, écrivait le 24 juin sœur Sainte-Croix Grandury, notre petite cathédrale devait être incendiée, à midi juste, ainsi que les maisons environnantes ; aussi quantité de personnes venaient-elles regarder par-dessus les murs et paraissaient étonnées de nous voir aussi tranquilles qu'à l'ordinaire.

« Ce matin même, plusieurs femmes des villages voisins vinrent à la messe pour voir si les sœurs étaient brûlées, ou si elles avaient pris la fuite comme au *Touang-houan* (c'est le quartier protestant).

« Nous avons rassuré de notre mieux ces femmes qui avaient grand'peur, craignant de voir tomber leur tête, disaient-elles, dès que ces individus leur auraient jeté un sort. Cependant, le dirai-je, nous regrettons d'avoir manqué une si belle occasion d'être grillées toutes vives, là, près de l'autel, comme deux petits cierges, pour nous envoler vite en paradis. »

Ce souhait d'une âme admirable d'héroïsme allait être exaucé !

L'évêque, le P. Émonet, un prêtre indigène, le P. Li, les deux religieuses de la Providence chargées de l'orphelinat de Moukden et plusieurs centaines de chrétiens se réfugièrent dans la cathédrale. Ils y furent attaqués par les Boxeurs, aidés des soldats réguliers. Une religieuse réfugiée au Japon, sœur Jules Ferry, nous écrit d'après les nouvelles qui lui sont parvenues :

« Monseigneur exhorte au martyre ceux qui sont autour de lui ; pendant son exhortation on frappe de grands coups à la porte : l'évêque, pensant que c'était peut-être quelque autorité chinoise, se rend à la porte pour la recevoir ; la porte ne fut

pas plutôt ouverte qu'il a la tête tranchée ; puis ils s'avancent, ces possédés, vers le chœur où se trouvaient le P. Émonet
et le P. Li, qui ont également la tête tranchée.

« Quant à nos deux heureuses sœurs, sœur Sainte-Croix
Grandury et sœur Albertine Rœcklin, ont-elles eu le même
sort ? On le pense, on ignore ce qu'elles ont eu à souffrir,
ainsi que les deux cents chrétiens qui se trouvaient réunis

Moukden. — Ruines de la cathédrale après l'insurrection des Boxeurs (1900).
(D'après une photographie.)

pour la défense de leur évêque et de leur église ; mais ils n'ont
pas été tués avant le feu, ils ont été brûlés vifs.

« Quand tout a été fini, les Boxeurs se sont répandus dans
la ville, et ont décapité tout ce qu'ils ont pu trouver de chrétiens. Un témoin oculaire dit que dans la ville on ne rencon-
trait que des corps sans tête. La femme et la bru du catéchiste
ont été crucifiées. »

Tel fut, dans ses grandes lignes, le désastre de Moukden ; il
fut connu en France par une dépêche de notre procureur à
Changhaï, le P. Robert, qui adressa au séminaire ce télégramme :

« *Guillon, Emonet duæque moniales necati Moukden.* Mgr Guillon, M. Émonet et deux religieuses ont été assassinés à Moukden. »

Peu de temps après, une nouvelle dépêche annonçait la mort des PP. Viaud, Agnius, Bayart, Bourgeois et Le Guevel, de la mission de la Mandchourie méridionale.

Les trois premiers, chargés des postes de Siao-hei-chan et de Kouan-ning, s'étaient retirés au village de Che-tze-touen ; mais, ne s'y trouvant pas en sûreté, ils s'étaient, avec quatre chrétiens, enfuis dans les hautes herbes de la plaine, où ils restèrent deux jours sans manger.

Des brigands les aperçurent et vinrent à eux, leur apportant quelque nourriture ; puis, au moment où les fugitifs, que ce bon procédé avait rendus confiants, s'y attendaient le moins, ils les désarmèrent et enlevèrent leurs chevaux.

Aussitôt avertie, la garde nationale de Ya-tze-chang arriva, fusilla les trois missionnaires et jeta leurs cadavres dans le fleuve Leao, à Souang-tai-tze.

Les quatre chrétiens qui accompagnaient les missionnaires furent noyés vivants. Le village de Che-tze-touen fut brûlé, les enfants des orphelinats de Kouang-ning et de Siao-hei-chan massacrés ou enlevés, soixante-quatre chrétiens de cette dernière paroisse tués.

Quant aux PP. Bourgeois et Le Guevel, voici ce que nous écrit le P. Letort :

« Les PP. Bourgeois et Le Guevel sont certainement morts au bord de la mer, où ils voulaient s'embarquer. Les habitants de Lien-chan s'étaient montrés très bons pour eux et les avaient aidés à sortir de la localité. Un seul individu, appelé Ouang et parent des chrétiens, les poursuivit de sa haine féroce, défendit à qui que ce fût de leur fournir une barque sous peine d'être massacré.

« Les Pères durent gagner la montagne, et c'est là qu'ils ont péri avec une vingtaine de chrétiens, après une défense héroïque, sous les balles des soldats de Ning-iuen appelés pour les fusiller. Les vierges ont été tuées, bon nombre d'enfants de l'orphelinat ont été massacrés avec des chrétiens, d'autres enlevés. Tout a été brûlé. »

Enfin, le 25 août, un nouveau télégramme annonçait que la Mandchourie septentrionale était frappée à son tour. Les PP. François Georgeon et Louis Leray étaient massacrés.

Une lettre du 3 août nous a annoncé la mort du P. Maurice Li, qui a été décapité. C'est le troisième prêtre chinois de la Mandchourie méridionale qui donne sa vie pour Notre-Seigneur Jésus-Christ.

Le 23 septembre, notre procureur de Changhaï nous envoyait une nouvelle dépêche de mort : *Souvignet a été tué.*

Le P. Régis Souvignet était un excellent missionnaire, chargé du district de Hou-lan. Il était allé voir le P. Delpal à Leao-tien-tse ; quand il apprit que ses chrétiens étaient en danger, il repartit aussitôt, et c'est dans l'exercice de son ministère qu'il a trouvé la mort.

S'attaquer aux vivants ne suffit pas à la haine chinoise. Les bandits, car qu'ils soient des Boxeurs, des soldats réguliers ou de simples citoyens, on ne peut leur donner un autre nom, les bandits déterrèrent le P. Moulin, mort à Nieou-tchouang le 24 juin, frappèrent le cadavre, lui coupèrent la tête et le brûlèrent.

A Tong-ia-touen, où est la ferme Saint-Joseph, ils ouvrirent la fosse de sœur Hélène, morte depuis quinze ans, et brûlèrent ses ossements.

Pendant ce temps, que devenaient les survivants missionnaires et religieuses? Aussitôt que les désordres de Moukden furent connus à Ing-tse, le provicaire, le P. Choulet, alla en faire part aux sœurs de la Sainte-Enfance.

« On reste quelques minutes dans un silence d'agonie, écrit la sœur Jules Ferry, puis le P. Choulet nous dit : « Je vous

« embarque à l'instant, dépêchez-vous, car le danger est pres-
« sant. »

« Ce bon Père part pour prendre nos places, mais il n'ose
pas aller loin, car il est hué ! Il retourne à la procure et envoie
son homme d'affaires. Il était onze heures et demie; notre
pauvre dîner était sur le feu, nous l'y avons laissé. Nous par-
tons à la douane et nous nous embarquons vers une heure de
l'après-midi, quoique le vaisseau ne doive partir que le lendemain.

« Nous étions à peine sorties de chez nous que le pillage
commençait, c'était affreux ! »

A Cha-ling, même départ précipité; les religieuses sont rapidement conduites à Leao-yang, la gare la plus rapprochée.

A Tie-ling, les PP. Lamasse, Vuillemot et les sœurs Gérardine et Marie se réfugièrent chez les Russes, et, protégés
par une colonne de cinq cents cosaques et par trois cents chrétiens, ils prirent la route du Nord.

XV

EN FUITE. — DÉVOUEMENT DES RUSSES

Cette odyssée des missionnaires et des religieuses est fort
intéressante. Le P. Lamasse nous l'a racontée, nous reprodui-
sons une partie de son récit :

« A Tie-ling, les Boxeurs recrutaient chaque jour avec une
rapidité incroyable de nouveaux adhérents.

« Un beau soir, ils affichèrent dans tous les quartiers de la
ville une proclamation injurieuse pour les Russes, pour les

chrétiens et pour moi-même. Ils accusaient les Russes de se servir de la graisse des Chinois (*sic*) pour entretenir leurs locomotives et leurs roues de wagons, et prétendaient que moi et mes chrétiens nous avions empoisonné tous les puits de la ville. La veille j'avais remarqué avec surprise des bâtonnets d'encens brûlant au bord de plusieurs puits : c'était, paraît-il, la recette donnée par les Boxeurs pour les purifier. En conséquence ils invitaient la population à détruire, à un jour donné, tous les établissements.

« Je crus le moment venu de prévenir le mandarin ; il me fit une réponse très aimable se résumant en ceci : « Que jamais « l'ombre d'un Boxeur, — contre lequel il avait pris les me- « sures les plus sévères, — n'avait pénétré dans la ville ; que « dans son district tout était pour le mieux dans le meilleur « des mondes ; qu'il répondait de l'ordre, et qu'en tous cas je « pouvais toujours compter sur son inaltérable amitié et sa « bienveillante protection. » Je vis qu'il n'y avait rien à faire de ce côté-là et pris le parti d'avertir les Russes de la situation.

La ville de Tie-ling, située à soixante-dix kilomètres au nord de Moukden, est une des stations des plus importantes du Transmandchourien.

« Elle partage la ligne de Port-Arthur à Harbin en deux sections. A cette époque, la première section (Port-Arthur, Niou-tchouang, Tie-ling) était à peu près terminée, et les trains y fonctionnaient régulièrement depuis quelques mois. Les travaux de la seconde section étaient moins avancés ; la voie, à peine amorcée du côté de Tie-ling, n'était utilisable que vers le nord, entre le Soungari et Harbin.

« La colonie russe de Tie-ling se composait de trois ou quatre ingénieurs et de plusieurs officiers avec leur famille, d'une soixantaine d'employés et d'une garde variant entre soixante-dix et cent cosaques.

« Leur installation formait un petit village sur les bords du

Tsai-heu (rivière des Richesses), à deux kilomètres au nord de la ville, tandis que la station de chemin de fer se trouvait à l'extrémité opposée, dans le faubourg du sud.

« J'étais depuis longtemps en excellentes relations avec l'ingénieur en chef, M. Kazy Guiry. Je le mis au courant des derniers événements (ne sachant pas le chinois et n'ayant pas d'hommes sûrs, il était assez mal renseigné sur ce qui se passait en ville), et il convint avec moi que, puisque le mandarin restait inactif, il serait bon de faire la police soi-même. Le capitaine de cosaques, M. Gevoutsko, fut du même avis. « Mal- « heureusement, me dit-il, j'ai les mains liées par des ordres « supérieurs ; il nous est absolument défendu de toucher à aucun « Chinois sans avoir d'abord été attaqués nous-mêmes. Mais, « ajouta-t-il, si mes cosaques n'ont pas la liberté de frapper, « ils ont du moins celle de chanter. Faute de mieux, nous allons « montrer aux Boxeurs que nous sommes là, que nous les « attendons de pied ferme et que nous n'avons pas peur de « nous faire voir. »

« Là-dessus, le capitaine donna l'ordre d'aller chercher le drapeau et fit monter en selle une cinquantaine de cosaques, fusil chargé et baïonnette au canon.

« — Conduisez-moi, je vous prie, me dit-il, dans les quartiers les plus fréquentés de la ville. »

« Je me mis donc avec le capitaine et M. Kazy Guiry en tête de la petite troupe, et à peine entrions-nous dans la grand'rue que nos cosaques du Kazan entonnèrent à pleine voix (de cette voix qui les a rendus célèbres dans toute la Russie) une de leurs chansons nationales.

« La beauté singulière de ce chant qui, d'une mélodie très douce, passait subitement à des accents étranges, presque sauvages, me surprit tellement, que je ne prêtai qu'une attention très distraite à la foule des Chinois qui s'assemblaient sur notre passage. Je fus néanmoins frappé de ne voir sur leur physionomie, d'ordinaire si prompte à la raillerie en face des Europééns, que les marques d'une stupéfaction profonde. Un seul, un Boxeur sans doute, lança cette parole ironique que je fus seul à comprendre :

« — Tiens, les soldats russes ne sont pas plus nombreux que cela. »

« Nous traversâmes ainsi toute la ville; lorsque nous passâmes devant le yamen, le mandarin, pris de peur et croyant à une attaque, fit fermer précipitamment ses portes.

« Mais les cosaques se contentèrent, sur mon invitation, d'envahir ma résidence, où ils ne se firent pas prier pour mettre à l'abri des Boxeurs un tonnelet de vin de montagne de ma fabrication. Ils l'avaient certes bien mérité. Là-dessus, ils s'en retournèrent chez eux, enchantés de leur petite expédition.

« Cependant la situation s'aggrava bientôt. Les habitants de Tie-ling, apprenant le massacre de Mgr Guillon et du P. Emonet et des religieuses à Moukden, devinrent de plus en plus menaçants.

« Il n'y a plus à nous faire illusion : la persécution est déchaînée, persécution qui s'annonce dans des conditions inouïes, puisque les plus hauts mandarins semblent en être les chefs, et elle ne tardera pas à nous atteindre.

« Les quelques chrétiens qui sont encore autour de nous nous supplient d'aller nous mettre immédiatement en sûreté dans la colonie russe; mais les PP. Hérin et Vuillemot ne peuvent se faire à l'idée d'abandonner les chrétiens qu'ils ont laissés là-bas, aux montagnes.

« A défaut d'aide matérielle, ils veulent au moins leur porter les secours religieux dont les malheureux vont avoir si grand besoin, et ils décident de partir dès demain matin, l'un pour Kai-chan-touen, l'autre pour Hang-tan-touen. Moi-même, j'ai l'intention de pousser une pointe au sud vers le village d'An-sin-tai, où j'ai ma principale chrétienté.

« Mais auparavant il faut mettre les sœurs en sûreté, et pour elles le refuge chez les Russes est tout indiqué ; c'est même parce que nous savons ce refuge assuré et à proximité de cette résidence que nous avons attendu si longtemps avant d'y avoir recours.

« Aujourd'hui le moment est venu, et il n'y a plus de temps à perdre. Il est dix heures du soir, nous profiterons de l'obscurité pour traverser la ville sans être aperçus, et avant le jour nous devrons être à la colonie russe.

« Je fais donc immédiatement atteler un petit chariot que, par un heureux hasard, un confrère de passage avait laissé chez moi, et vais prévenir sœur Gérardine et sœur Marie de se préparer à partir dans la nuit.

« Nos bonnes religieuses ne s'attendaient que trop à cette décision ; déjà un bonnet noir a remplacé leur blanche cornette, trop visible pour des fugitives, quelques habits ont été mis à la hâte dans une valise, et à minuit tout est prêt pour le départ.

« Le 4 juillet, à deux heures du matin, notre petit convoi quitte sans bruit la résidence ; quelques vierges chinoises et deux enfants de la Sainte-Enfance encore ici suivent à pied le chariot, au fond duquel sont blotties les sœurs, tandis que les PP. Hérin, Vuillemot et moi, à cheval fermons la marche.

« Nous traversons sans incident la ville endormie, à peine sommes-nous remarqués par quelque fumeur d'opium attardé, que notre passage réveille de sa torpeur.

« Au sortir de la ville, le P. Hérin nous fait ses adieux : il va prendre, pour retrouver ses chrétiens, la route des montagnes de l'Est et hélas aussi, nous le saurons plus tard, celle d'un long exil et peut-être du martyre.

« Le jour commence à poindre lorsque nous arrivons en vue du camp des Russes. Au cri de la sentinelle nous nous arrêtons, car nos habits chinois pourraient prêter à confusion, et il ne s'agit pas de nous faire fusiller comme de simples Boxeurs.

« Ne sachant pas le mot d'ordre, j'agite mon mouchoir en criant à tout hasard Francous (Français). Immédiatement le soldat abaisse son arme, et bientôt nous sommes introduits dans la maison de l'ingénieur en chef. M. Kazy Guiry nous reçoit avec sa cordialité habituelle, il fait préparer un logement pour les sœurs et nous offre également, au P. Vuillemot et à moi, de partager sa table et son logement.

« Mais le P. Vuillemot est décidé à aller au secours de ses chrétiens. Il remonte donc à cheval sur le champ, afin de pouvoir faire dans la journée les quarante-cinq kilomètres qui le séparent du Hoang-tan-touen. La seule protection qu'il accepte est celle d'un bon fusil à répétition, que le chef des cosaques a l'obligeance de lui prêter.

« Le 6 juillet, à cinq heures du matin, je suis réveillé en sursaut par l'ingénieur en chef qui frappe à ma porte en disant :

« — Levez-vous vite! la gare est attaquée, votre établissement brûle! »

« Je m'habille à la hâte et sors dans la cour; mes regards se portent sur la ville que l'on aperçoit dans le lointain : le temple protestant est déjà tout en feu; un peu plus à gauche un tourbillon de fumée s'élève de l'emplacement occupé par ma résidence. Je m'attendais trop à ce dénouement pour en être surpris, pourtant ce n'est pas sans un gros crève-cœur que je vois ma pauvre maison s'en aller en fumée.

« Cependant une vingtaine de cosaques sont allés secourir la gare, à laquelle on a essayé aussi de mettre le feu; ils n'ont heureusement affaire qu'à des Boxeurs sans armes, qui sont bientôt mis en fuite. Ils reviennent alors en passant par ma résidence et tuent dans la cour quatre ou cinq pillards, mais la maison est déjà la proie des flammes.

« Le train ramenant les sœurs est arrivé vers huit heures; nos pauvres voyageuses sont encore tout émues de la terrible journée et de la triste nuit qu'elles viennent de passer.

« Leur wagon a été criblé de balles qui en ont traversé les parois, et c'est par miracle que personne n'a été touché.

« J'ai envoyé des chrétiens aux écoutes dans l'intérieur de la ville, et tout confirme que nous serons bientôt enveloppés par les soldats chinois. Les mille cinq cent hommes partis de Moukden ne sont plus qu'à quelques heures de Tie-ling, et se préparent à nous attaquer ce soir.

« D'autre part, quatre cent cinquante réguliers viennent de Kai-iuen pour nous couper la route du nord. Hier on a arrêté quatre de leurs éclaireurs, conduits par un sous-officier; comme ils étaient porteurs de proclamations invitant la population à massacrer les étrangers, je crois qu'on les a passés par les armes pendant la nuit.

« Ici, il n'y a guère qu'une centaine de cosaques pour nous protéger; on a essayé de former une réserve en armant les employés, mais les fusils manquent. Les officiers décident de télégraphier à Port-Arthur pour demander du secours.

« Le télégraphe russe est coupé, et les Chinois, dont le télégraphe fonctionne encore, refusent de transmettre nos dépêches; il n'y a plus qu'à les faire passer de force.

« Trente cosaques, baïonnette au canon, se rendent dans la ville, au bureau du télégraphe chinois, s'emparent du télégraphiste qui voulait s'enfuir, l'installent devant son appareil et le menacent de lui couper la tête s'il ne transmet lettre pour lettre ce qui lui est communiqué; le malheureux est bien obligé de s'exécuter.

« La réponse que nous recevons immédiatement montre que le sens de notre dépêche a été compris, mais que notre véritable position l'est beaucoup moins.

« On nous dit d'être sans crainte, que, d'après les dépêches de Saint-Pétersbourg, les relations entre la Russie et la Chine continuent à être excellentes et que tout s'arrangera promptement. Quant aux renforts, impossible d'en envoyer pour le moment.

« Nous n'avons plus à compter que sur nous-mêmes, et hélas ! à voir les forces dont nous disposons, nous avons toutes les chances possibles d'être bientôt écrasés.

« A huit heures du soir, la bataille commence. Les troupes de Moukden sont arrivées et attaquent la gare au sud de la ville.

« Elles sont conduites, dit-on, par une jeune fille de quatorze à quinze ans, qui à cheval, un fusil à la main, marche à la tête des soldats.

« C'est une de ces amazones que les Boxeurs appellent Hong-teng-tchao (lampe rouge).

« Tous les Chinois sont convaincus que ces pauvres filles, grâce aux incantations des Boxeurs, sont invulnérables, et elles en sont elles-mêmes si persuadées qu'elles bravent hardiment ou, pour mieux dire, stupidement la mort.

« Trente cosaques sont envoyés immédiatement pour renforcer le petit poste de la station; mais à peine le combat est-il commencé, que l'un d'eux revient à toute bride pour demander du secours. D'après ses dires, trois de ses camarades seraient déjà tués et un grand nombre de blessés.

« Le bruit que l'on entend là-bas n'annonce rien de bon. C'est un roulement ininterrompu de coups de fusil, qui bientôt se rapproche et semble avoir gagné toute la ville.

« En même temps des incendies s'allument de tous les côtés, tandis que le tambour de guerre retentit sur les remparts. Sans nul doute, nos pauvres cosaques sont aux prises avec des forces beaucoup plus considérables que nous ne pensions, et nous sommes presque surpris lorsque, de temps à autre, une détonation sèche et stridente (celle de leur fusil à poudre sans fumée) nous indique qu'ils vivent encore et continuent la lutte.

« Déjà nous avons réuni tous les chrétiens et leur avons donné,

le P. Vuillemot et moi, une dernière absolution pour les préparer à la mort, qui nous semble imminente, lorsque, au lieu
de Chinois que nous attendons, c'est M. Kazy Guiry qui entre
dans la cour en criant :

« — Victoire! les Chinois sont battus et ils ne reviendront
pas aujourd'hui, je vous l'assure!

« — Et ce bruit que l'on entend dans la ville?

« — Ce n'est rien, ce sont les habitants qui, affolés, sont
montés sur les remparts et tirent dans toutes les directions
sans faire de mal à personne; nous n'avons même pas un seul
blessé.

« — Et ces incendies?

« — Ce sont les cosaques qui les ont allumés pour que nos
établissements et le vôtre ne soient pas seuls à éclairer la ville. »

« Les cosaques, qui reviennent après avoir mis définitivement
en fuite les Chinois, donnent de nouveaux détails sur la bataille.

« C'est bien à environ mille cinq cents hommes qu'ils ont eu
affaire; mais, dès le début, le mandarin chinois qui commandait a été tué, tandis que, presque en même temps, la Hong-
ten-tchao tombait frappée d'une balle au front, ce qui démon-
trait péremptoirement qu'elle n'était pas invulnérable.

« Dès lors, ce fut une panique indescriptible, et les cosaques n'eurent plus que la peine de sabrer une centaine de
fuyards et de ramasser deux drapeaux laissés sur le champ de
bataille; l'un est le pavillon noir des Boxeurs, sur lequel est
écrit en lettres blanches : « Mort aux étrangers! » tandis que
l'autre porte l'inscription suivante : « Le général commandant
« en chef l'aile gauche de l'armée de Moukden. »

« C'est une belle victoire, mais qui n'aboutit guère qu'à nous
donner quelques heures, ou, tout au plus, un jour ou deux de
répit.

« Car il n'est pas douteux **que** les Chinois vont bientôt revenir sur nous avec des forces supérieures, et nous ne pouvons espérer leur résister indéfiniment avec une poignée de soldats.

« Les officiers et les ingénieurs se réunissent en conseil de guerre pour délibérer sur la situation ; tous reconnaissent que la défense sur place est devenue impossible, et que le seul moyen qui nous reste d'échapper à la mort est de faire une trouée à travers les bandes chinoises, qui cherchent à nous cerner, et de gagner des régions plus hospitalières.

« Mais de quel côté se diriger ? La direction du sud, qui nous eût rapidement conduits à Ing-tze, nous est fermée, puisque Moukden constitue un obstacle infranchissable.

« Les routes de Mongolie, à l'ouest, et de Corée, à l'est, nous sont interdites également ; car, malgré les circonstances où nous nous trouvons, les officiers veulent se conformer à l'ordre qu'ils ont reçu de ne pas s'éloigner de la ligne.

« On décide donc de prendre la seule direction qui reste, celle du nord, et de se diriger vers Harbin en suivant la voie ferrée, ce qui permettra de recueillir les postes échelonnés le long de la route.

« A vrai dire, l'entreprise est plus que hasardeuse, il y a quinze jours de marche d'ici à Harbin, et les Chinois ont tout le temps et tout l'espace voulu pour arrêter notre convoi... Mais c'est la dernière chance de salut qui nous reste.

« Nous ne pouvons d'ailleurs marcher qu'à petites journées, car les impedimenta seront nombreux et déjà les cosaques sont allés réquisitionner une vingtaine de voitures pour transporter les lingots d'argent (représentant une somme de cinq cent mille piastres, soit un million et demi de francs) qui se trouvent déposés ici pour la construction du chemin de fer.

« M. Kazy Guiry me communique la décision du conseil, me disant que tous ces messieurs seront heureux de nous continuer leur protection le long de la route, à mon confrère, aux sœurs et à moi. J'avoue qu'au lieu de m'en réjouir et de remercier M. Kazy Guiry, je suis navré de cette nouvelle.

« Que vont devenir mes pauvres chrétiens! Dès que les Russes auront quitté leur résidence, elle sera immédiatement livrée au pillage, et ceux qui s'y trouveront infailliblement massacrés.

« D'autre part, comme nous sommes entourés de tous les côtés par les Chinois, impossible aux chrétiens de se disperser avant notre départ.

« Je déclare donc à M. Kazy Guiry que les chrétiens étant venus chercher un refuge auprès de moi, je ne puis les abandonner dans une si misérable situation.

« — Qu'à cela ne tienne, me dit l'ingénieur en chef, vos chrétiens viendront tous avec nous. Comme il y a parmi eux des femmes et des enfants qui ne pourraient suivre la caravane à pied, je mets à leur disposition toutes les voitures que nous destinions au transport de l'argent. La vie d'un homme, principalement d'un chrétien, passe avant tout. Je ne réserve que les voitures qui devront contenir notre provision de cartouches et le viatique indispensable pour la route. »

« Depuis longtemps je connaissais M. Kazy Guiry comme un ingénieur distingué, un charmant homme et un excellent ami; mais, de ce jour, en le voyant dans sa générosité prendre si simplement une semblable responsabilité, je sus que c'était un noble cœur et je lui vouai, non seulement ma reconnaissance, mais mon admiration.

« Les préparatifs du départ, qui doit avoir lieu cette nuit même, sont bientôt faits; car, pour laisser plus de place sur les chariots aux femmes et aux enfants, M. Kazy Guiry a défendu à qui que ce soit d'emporter aucun bagage. Lui-même donne l'exemple, ne prenant que les habits qu'il porte, et je l'imite en sacrifiant jusqu'aux vases sacrés de mon église que j'avais pu sauver.

« Le 7 juillet, à minuit, les femmes et les enfants montent dans les voitures, qui sont malheureusement trop peu nombreuses; beaucoup n'y peuvent trouver place et devront suivre à pied.

« A deux heures du matin la caravane se met en marche. L'ordre adopté et qui sera conservé tout le long du voyage est celui des convois militaires : une trentaine de cosaques à cheval forment l'avant-garde; puis vient la longue file des chariots accompagnée par les piétons et suivie de l'arrière-garde; des patrouilles protègent les flancs de la colonne.

« Les sœurs ont pris place dans un petit chariot; le P. Vuillemot et moi sommes à cheval, nous réservant l'office, qui ne sera sans doute pas une sinécure, de stimuler les traînards : les Boxeurs vont nous suivre de près, et il ne s'agira plus de rester en arrière!

« C'est aux clartés sinistres de l'incendie que nous nous éloignons, car à peine les dernières voitures ont-elles quitté la station que le feu éclate derrière nous. Les cosaques de l'arrière-garde l'ont mis eux-mêmes, afin de ne pas laisser ce plaisir aux Chinois et de soustraire au pillage tout ce que la flamme pourra consumer. J'en suis heureux à cause des objets sacrés que j'ai laissés, et qui auront ainsi perdu leur consécration avant de tomber entre les mains des Chinois.

« A peine le convoi a-t-il franchi un kilomètre qu'une pauvre femme vient à moi tout éplorée. Dans l'embarras du départ elle a perdu de vue son enfant (un garçon de sept ans), et il a dû rester là-bas au milieu de l'incendie. Que faire? Retourner en arrière est impossible, et je ne puis que consoler cette pauvre mère et lui dire que le bon Dieu, en lui prenant de suite son petit ange, a sans doute voulu lui épargner les souffrances qui nous attendent.

« — Mais, au moins, est-il bien martyr comme cela? me demanda-t-elle.

« — Sans aucun doute, lui dis-je.

« — Oh! alors j'en fais de bon cœur le sacrifice à Dieu. »

« Et elle reprend sa marche en essayant de sécher ses larmes. Dieu voulait se contenter de sa bonne volonté, car bientôt arrive un cosaque tenant en croupe le marmot qu'il a rencontré trottinant derrière la colonne.

« La mère est heureuse, mais moi je tremble à la pensée que ces accidents vont se renouveler tout le long de la route et d'une route de plus de cent lieues !

« Le chemin que nous suivons de Tie-ling à Kai-iuen côtoie les derniers contreforts de la grande chaîne de montagnes qui s'étend vers l'est de la province du Leao-tong. Ce serait une magnifique position pour les Chinois, qui, en s'embusquant sur les hauteurs, pourraient nous fusiller tout à leur aise; aussi nous tenons-nous sur nos gardes. Mais déjà nous voyageons depuis plusieurs heures, sans avoir été inquiétés, sinon par quelques espions qui se sont enfuis à notre approche.

« Finalement, nous apprenons que les quatre cent cinquante hommes qui, hier, venaient par la même route pour nous surprendre à Tie-ling, ont jugé bon, en apprenant la défaite des soldats du sud, de retourner à Kai-iuen chercher du renfort. La route est donc libre, au moins jusqu'à cette ville, qui est le but de notre première étape.

« A vrai dire, nous n'avons pas besoin des soldats chinois pour mettre des bâtons dans les roues, et nous prévoyons que, même dans les conditions actuelles, il nous sera difficile de mener tout notre monde à bon port. Déjà, nombre de femmes et d'enfants ont grand'peine à suivre.

« Le P. Vuillemot et moi, nous faisons continuellement la navette d'un bout de la colonne à l'autre, pour stimuler les traînards et ramener au besoin les retardaires en les mettant sur nos chevaux.

« Les cosaques, eux aussi, ont pitié de ces pauvres gens, ils se disputent le plaisir de leur venir en aide, et c'est un spectacle, sinon réglementaire, du moins original et touchant, de voir ces braves cavaliers doublés d'un marmot à califourchon sur le devant de la selle.

« Mais voici qu'un grave accident vient de se produire : un chariot trop chargé a versé tout son monde dans un fossé, et si les enfants se retrouvent intacts, une pauvre fille, déjà

Vue de Vladivostock. (D'après une photographie.)

aveugle, est relevée avec un bras cassé. C'est une religieuse indigène d'An-sin-tai.

« Un peu plus loin, nouveau malheur! Une femme est tombée dans un précipice et a été à moitié assommée par sa chute; lorsque je surviens, le P. Vuillemot, qui se trouvait dans le voisinage, lui a déjà donné l'absolution et elle ne donne plus guère signe de vie.

« Il est grand temps que nous arrivions. Heureusement le bout de notre étape n'est pas loin (à dix lys au sud de la ville) où nous devons passer la nuit. Hélas! en approchant, nous avons le désappointement de constater qu'il n'en reste plus que des ruines, les Chinois ayant tout brûlé pendant la nuit. Nous comptions y trouver le vivre et le couvert et nous allons être réduits à coucher sans souper, à la belle étoile, ce qui est doublement désagréable. Aussi les cosaques sont-ils furieux.

« Tandis que ses camarades mettent le feu aux villages voisins de la station, l'un d'eux, près de moi, aperçoit un Chinois qui se cache dans les champs aux abords de la route ; il l'empoigne et lève déjà son sabre pour lui fendre la tête, lorsque, trouvant le procédé un peu sommaire, je lui fais signe de conduire d'abord cet homme au capitaine : peut-être pourra-t-il donner d'utiles renseignements.

« Le cosaque comprend mal, croit que je lui demande de remettre son prisonnier en liberté et le relâche en maugréant. Celui-ci ne se le fait pas dire deux fois et prend la poudre d'escampette. Voilà un Boxeur qui l'a échappé belle, et je me promets de n'avoir plus à l'avenir le cœur aussi sensible.

« Puisque la station est brûlée, il n'y a plus qu'à s'installer en plein champ pour passer la nuit, et c'est ce que l'on fait au bord d'une petite rivière, à une lieue de Kai-iuen.

« Impossible de se procurer des vivres aux environs ; et comme d'autre part nous n'avons rien apporté avec nous, chacun se contente de boire à la rivière quelques gorgées d'eau claire pour calmer la soif et tromper la faim (nous sommes à jeun depuis hier au soir), puis va s'étendre dans le petit coin qu'il a choisi sur le gazon.

« Par bonheur, sœur Gérardine et sœur Marie ont une couverture pour les protéger un peu contre la fraîcheur de la nuit.

« Tandis que, de mon côté, j'essaie de m'endormir, en rassemblant toute ma philosophie pour me persuader que « qui dort « dîne », un bruit sourd qui vient du côté de la ville attire mon attention. En appuyant mon oreille contre le sol, je perçois distinctement le son du tam-tam de guerre, mêlé à celui des coups de fusil et au grondement du canon.

« Serait-ce une bataille? Je finis par trouver l'explication de ce phénomène en songeant à ce qui s'est passé hier à Tie-ling.

« Les habitants de Kai-iuen ont sans doute eu vent de notre approche, ils ont peur que nous allions les attaquer et font parler la poudre pour nous intimider. Grand bien leur fasse!

« Sans trop de fatigue et sans incident sérieux nous arrivons au village de Soang-mao-tze, où nous devons prendre le repas de midi et probablement passer la nuit, car une bonne journée de repos ne sera pas de trop après les émotions d'hier.

« Nous sommes cantonnés avec les chrétiens dans une vaste maison chinoise, nous avons la nôtre; les chrétiens pourront loger dans les bâtiments latéraux. C'est parfait. On prépare bien vite le repas, qui promet d'être sérieux. Outre le riz à discrétion, M. Kazy Guiry a fait distribuer à chaque chrétien une large portion de viande.

« Le tout a bien mijoté dans les marmites pendant deux heures, déjà les tasses fumantes commencent à circuler de main en main, répandant un parfum de bon augure, et tout le monde se sent d'excellent appétit, lorsque subitement une fusillade épouvantable éclate au dehors.

« Nous n'avons que le temps de nous garer pour éviter les balles qui entrent par les fenêtres de notre chambre. Pas de doute, nous sommes surpris par les Chinois, qui ont concentré leur attaque précisément sur la maison isolée où nous nous trouvons. De notre côté, personne ne répond.

« Les cosaques, eux aussi, sont à manger la soupe, et s'ils n'ont pas le temps de prendre les armes avant l'arrivée des Chinois, nous sommes perdus.

« Je fais passer rapidement les chrétiens dans une arrière-cour entourée de murs où nous serons provisoirement à l'abri; tout le monde se met à genoux, nous donnons, le P. Vuillemot et moi, une absolution générale, puis nous attendons en récitant notre chapelet. Cinq minutes se passent.

« Le bruit de la fusillade, de plus en plus distinct, montre que les Chinois se rapprochent rapidement de nous. Nous nous attendons déjà à les voir faire irruption dans la cour, lorsque, sur notre mur d'enceinte, un cosaque apparaît. Il rampe le long de la crête, car il se trouve au milieu d'une véritable pluie de balles, et, une fois arrivé à bonne portée, il tire un premier coup de fusil.

« Il est bientôt suivi d'un autre, puis d'un troisième, qui successivement ouvrent le feu. Bientôt une escouade entière les a rejoints, et une décharge à répétition suffit à arrêter l'élan de l'ennemi et l'oblige de se retirer à une distance plus respectueuse.

« Cependant cette surprise nous coûte déjà cher. On vient de rapporter des avant-postes trois tués et une dizaine de blessés. Une salle d'hôpital a été improvisée à la hâte au centre du village, et je vais immédiatement visiter ces braves gens.

« Le médecin, car il s'en trouve un avec nous, a déjà commencé les opérations; moi-même j'ai la consolation d'offrir mon ministère à un Polonais catholique, qui a une balle dans la jambe, et M. Kazy Guiry a la bonté de me servir d'interprète pour le préparer à l'absolution.

« Lorsque je reviens au milieu des chrétiens, le combat dure toujours. Quoique leur première attaque ait échoué, les Chinois ne semblent pas vouloir lâcher prise.

« A quatre heures de l'après-midi, le feu continue encore avec la même intensité, du côté de l'ennemi du moins, car, du nôtre, les munitions commencent à s'épuiser. Peu à peu les Russes sont obligés d'abandonner les avant-postes, qu'ils avaient pu reprendre, et de se replier sur le village.

« Mes chrétiens les aident à le mettre en état de défense. On accumule à l'intérieur et le long des murs d'enceinte tous les objets qui peuvent tomber sous la main : meubles, planches, fagots, etc..., pour former une sorte de plate-forme d'où les soldats pourront tirer plus facilement. Des meurtrières sont pratiquées de distance en distance.

« Comme je passe devant une brèche qui me laisse un instant à découvert, une balle me rase immédiatement la poitrine. Décidément les Chinois ont bon œil et tirent bien aujourd'hui.

« C'est aussi l'avis des Russes; ils disent que les soldats auxquels nous avons affaire maintenant sont bien différents de ceux de Moukden : ils semblent fanatisés, et, malgré les pertes qu'ils subissent, ils continuent à marcher de l'avant et à resserrer de plus en plus leur ligne d'attaque.

« Nos braves cosaques, sans pourtant perdre courage, comprennent que la situation est extrêmement grave. J'en vois plusieurs qui portent à leur cou une image sainte dans un large cadre doré, et la plupart se signent pieusement et se découvrent en passant devant les chrétiens en prières; plusieurs Polonais me demandent l'absolution en se rendant à leur poste de combat.

« A six heures du soir, l'ennemi a entièrement cerné le village. Les Russes en sont réduits à une résistance désespérée. Couchés à plat ventre sur le toit plat des maisons, ils parviennent encore à maintenir les assaillants à distance, mais le moment semble imminent où, devant le nombre et n'ayant plus de cartouches, ils vont être obligés de céder.

« La cour où nous nous trouvons avec les chrétiens est devenue intenable, et les soldats qui la défendent commencent eux-mêmes à l'abandonner. Force nous est de chercher avec les chrétiens un abri plus au centre du village; pour y réussir il nous faut passer dans la rue, sous le feu de l'ennemi. Heureusement personne n'est atteint.

« Un jeune homme qui a voulu prendre une autre direction est tué avec son petit frère qu'il tenait par la main. C'était un

de mes chrétiens de Tie-ling, occupant un emploi assez important au mandarinat, et qui ne pratiquait plus depuis de longues
années ; mais, sommé d'apostasier pour conserver sa place, il
a préféré s'enfuir et venir avec nous. Cet acte et sa mort auront sans nul doute réparé devant Dieu ses torts passés.

« Cependant l'attaque est de plus en plus pressante, et les
projectiles pleuvent littéralement sur le village. A l'endroit où
nous sommes, les murs nous mettent encore à l'abri ; mais au-
dessus de nos têtes les feuilles volent, déchiquetées comme
par la grêle, tandis qu'un bruissement sinistre se fait entendre
à travers les arbres. D'ailleurs personne n'a peur, car maintenant nous attendons la mort presque comme une délivrance.

« — Que ce serait beau, me disent plusieurs de mes braves
chrétiens, si nous pouvions ainsi monter au ciel tous ensemble
et nous y trouver réunis dès ce soir ! »

« Les deux religieuses sont admirables de résignation ; au
milieu du sifflement des balles, sœur Marie à genoux, un livre
à la main, récite ses prières, celles des mourants peut-être, avec
une tranquillité dont je me serais senti incapable. Je crois
apercevoir des larmes sur le visage de sœur Gérardine, et je
lui demande si elle a quelque crainte :

« — Oh ! non, me dit-elle, mais je suis touchée de voir vos
chrétiens dans de si beaux sentiments. »

« Soudain une grande clameur retentit au dehors. Ce sont
les Chinois qui, voyant la nuit approcher, veulent en finir et,
tous ensemble, se ruent à l'assaut du village. Est-ce notre dernière heure qui est venue ?

« Cette fois, les cosaques ne ménagent plus leurs cartouches ;
ils attendent que les Chinois ne soient plus qu'à cinquante
mètres des murs, et dirigent sur eux tous à la fois leur
magasin à répétition, que depuis longtemps ils tiennent en
réserve.

« L'effet de ce feu bien dirigé est foudroyant. Les Chinois

sont arrêtés net, et bientôt ils font volte-face et s'enfuient dans toutes les directions.

« A notre grand étonnement, c'est pour ne plus revenir, et nous pouvons constater que la panique a été telle qu'ils ont définitivement abandonné le champ de bataille en laissant sur place deux cents morts ou blessés. Nous sommes encore une fois sauvés presque miraculeusement.

« Sauvés! Mais qu'allons-nous devenir sans cartouches, avec les vingt hommes hors de combat que nous coûte cette journée et que nous ne pouvons pas abandonner! Quoique tout espoir d'arriver à Harbin semble maintenant perdu, on décide de marcher quand même en avant et de ne succomber qu'après avoir lutté jusqu'au bout. Si les cosaques n'ont plus de balles à mettre dans leurs fusils, ils ont encore une baïonnette au bout, et ils sont prêts à faire payer cher aux Chinois leur vie et la nôtre.

« Enfin, après la pluie, le beau temps! Ceci au figuré, bien entendu, car, grâce à Dieu, nous avons depuis notre départ un ciel toujours bleu et des routes superbes, ce qui est une condition *sine qua non* de notre marche en avant.

« Mais ce qui est remarquable aujourd'hui, c'est que notre étape c'est accomplie d'un bout à l'autre sans que nous ayons été inquiétés par personne. Sans doute les Chinois, après les brossées qu'ils ont reçues ces jours derniers, ont résolu d'être un peu plus sages.

« Pourtant, la contrée a déjà reçu la visite des Boxeurs; la voie du chemin de fer est détruite, le télégraphe coupé; dans leur rage et leur ignorance, ces forcenés ont rassemblé en tas les supports du fil télégraphique et les ont pilés jusqu'à les réduire en miettes; des poteaux, on n'en voit plus trace. Pour leur rendre la pareille, nous coupons à notre tour le télégraphe chinois qui relie Moukden à Ghirin, ce que nous avions d'ailleurs déjà fait en sortant de Tie-ling.

« A midi, nous avons fait au bord d'un ruisseau une longue halte et un bon repas, chose qui nous est rarement arrivée jusqu'ici.

« Plusieurs chrétiens, parmi lesquels le blessé d'hier et sa famille, en profitent pour quitter le convoi.

« Pour le cantonnement du soir, nous n'avons que l'embarras du choix entre les nombreux villages abandonnés que nous rencontrons : car maintenant la renommée de nos exploits nous précède et nous ouvre la route.

« Le 12 juillet, encore une bonne journée signalée par un événement auquel nous devons notre salut.

« Nous voyagions depuis le matin en pays paisible, lorsque tout à coup un groupe de cavaliers en armes est signalé : il apparaît dans le lointain et s'avance vers nous. Déjà nos cosaques se mettent sur la défensive lorsque l'un d'eux, envoyé en éclaireur, revient au galop en criant : « Nachi! » (ce sont les nôtres).

« Et bientôt nous distinguons, en effet, une troupe de cosaques commandée par un officier ; c'est le lieutenant Faddeef, chargé d'un poste plus au nord, qui a appris notre arrivée et notre détresse, et revient vers nous avec trente hommes et une provision de dix mille cartouches. Ce renfort inespéré, quoiqu'il ne fasse guère que compenser nos pertes, n'est pas à dédaigner; les munitions sont surtout pour nous d'un prix inestimable. Allons! les fusils pourront ronfler et les Chinois n'ont qu'à bien se tenir.

« Le secours arrivé hier a été pour nous providentiel; aujourd'hui encore nous avons eu bataille et, hélas! plus sérieuse que jamais, et qui nous coûte la perte de plusieurs hommes.

« C'est à quelques kilomètres à peine de la station où nous avons passé tranquillement la nuit que nous attendaient les Chinois.

« Cachés dans un petit bois qui commande un tournant de la route, ils laissent le convoi s'engager à bonne portée, puis soudain ouvrent le feu. Il est trop tard pour nous de reculer ; quoique cette manœuvre nous rapproche encore de l'ennemi, force nous est d'aller de l'avant et de traverser au plus vite la zone dangereuse pour gagner un petit hameau qui se trouve devant nous. Les cochers fouettent leurs attelages et tout le convoi passe au grand trot à travers la fusillade ; près de moi un cosaque tombe les deux jambes traversées d'une balle : ses camarades, tout en courant, le jettent au passage sur un chariot. Quand nous sommes enfin à l'abri derrière les maisons, j'ai la joie de constater qu'aucun de mes chrétiens n'a été touché.

« Pendant ce temps, les cosaques ont pris leur position de combat et ils s'élancent à la charge, non sans l'avoir fait précéder cette fois de plusieurs feux à répétition. Pourtant la résistance semble plus sérieuse que l'autre jour, et pendant un quart d'heure nous entendons le bruit de la lutte qui se poursuit sur la lisière du bois.

« Mais les Chinois finissent par lâcher pied, et en peu d'instants, le colonel qui les commandait ayant été tué, la débandade est générale ; les Chinois ont bientôt disparu, laissant cent quatre-vingts morts, deux drapeaux et un grand nombre de fusils d'un excellent modèle (mausers à répétition, comme tous ceux trouvés jusqu'ici entre leurs mains).

Malheureusement, de notre côté, il y a trois morts et une dizaine de blessés ; parmi ces derniers se trouve un jeune homme que je connaissais bien pour avoir eu avec lui à Tieling les meilleures relations : c'était le caissier de la station. Par pur héroïsme, il est parti à la charge avec les cosaques et on le rapporte la poitrine trouée d'une balle.

« Cependant les officiers et les ingénieurs se sont réunis sur le sommet d'une colline qui domine le champ de bataille, et ils nous invitent, le P. Vuillemot et moi, à partager une petite collation aussi agréable qu'imprévue, et dont les Chinois font les frais.

« Les cosaques ont mis la main sur deux énormes caisses remplies de pâtisseries, et, dans les bagages du mandarin, on a trouvé quelques bonnes bouteilles qu'il destinait sans doute à fêter la victoire.

« Nous ne pouvons mieux faire que de remplir ses intentions. Tout en dégustant une bouteille d'excellent cognac que l'on ne s'attendait guère à trouver là, et qui prouve, soit dit en passant, que les Boxeurs ne détestent pas tout ce qui vient d'Europe, nous déchiffrons les inscriptions placées sur les drapeaux tombés entre nos mains.

« Elles nous apprennent que les soldats qui nous ont attaqués aujourd'hui appartiennent non plus aux troupes de Moukden, mais à l'armée régulière de Ghirin, et une pièce trouvée dans les papiers de l'officier chinois confirme qu'ils ont été envoyés directement contre nous par le gouvernement de cette ville.

« Cette constatation nous donne à réfléchir, car après avoir échappé par miracle aux soldats de Moukden, nous espérions, une fois sortis de cette province, — et nous approchons de ses limites, — trouver un pays plus tranquille. Au contraire, ce sont des troupes sans doute plus nombreuses encore, puisqu'elles ont eu le temps de se rassembler, qui vont maintenant nous disputer le passage.

« Nous avons été victorieux jusqu'ici, mais chaque combat nous coûte des pertes sérieuses, témoins les trente blessés que nous traînons derrière nous; encore quelques victoires comme celles-là et notre petite troupe sera entièrement décimée. Il faut donc avant tout éviter de nouvelles batailles.

« Devant nous, à une journée au nord, se trouve la grande ville fortifiée de Koan-tcheng-tze, déjà évacuée, nous dit-on, par les Russes, et où les soldats chinois nous attendent. Il serait plus que téméraire de chercher à forcer cet obstacle, et nous devons changer de direction.

« Les officiers ont étendu une carte sur le gazon, et nous examinons la situation ; on songe un instant à s'enfoncer vers l'ouest dans les plaines désertes de Mongolie, mais ce serait s'exposer à mourir de faim. La route de l'est, vers la Corée, ne paraît guère plus praticable, et finalement on se résout à prendre un moyen terme : on tournera la ville de Koan-tcheng-tze en faisant une pointe à l'ouest, puis on reviendra trouver la ligne du chemin de fer et la direction du nord au-dessus de cette ville. Peut-être cette manœuvre réussira-t-elle à dépister les Chinois.

« Nous profitons de ce que nous nous trouvons au milieu des officiers réunis, pour les féliciter de leurs exploits et leur exprimer toute notre reconnaissance ; c'est grâce à leur bravoure et particulièrement à l'habileté et au sang-froid du capitaine Gévoutski que nous devons d'avoir, jusqu'ici, échappé à la mort.

« Avant le départ, les cosaques rendent les derniers devoirs aux trois braves tombés aujourd'hui au champ d'honneur. Une grande fosse a été creusée au pied de la colline, où ils reposent côte à côte, enveloppés de leur uniforme. Leurs camarades, réunis tout autour, entonnent d'une voix grave et émue les prières des morts, tandis que, commes d'immenses torches funéraires, plusieurs villages embrasés envoient, dans la plaine, des tourbillons de fumée vers le ciel. Les cosaques ont bien vengé leurs morts.

« Dès sa mise en marche, le convoi a tourné droit à l'ouest, vers la Mongolie, et il est décidé que, maintenant, nous marcherons jour et nuit pour dépister les Chinois. Le soir même, nous avons déjà dépassé la ville de Ta-pa-kia-tze et nous approchons de la frontière mongole.

« Le 18 juillet, au soir, nous devons arriver au Soungari, dont

nous ne sommes plus qu'à une journée de marche. Et ce sera
la fin de nos misères, car, ou bien le bateau et le chemin de
fer fonctionneront encore, et nous sommes sauvés, ou bien, et
malheureusement cette hypothèse paraît la plus probable, nous
nous trouverons devant une rivière infranchissable, à la merci
des soldats chinois. Allons toujours, à la grâce de Dieu qui
nous a déjà fait échapper à tant de périls et ne veut sans doute
pas que nous succombions en touchant au port.

« La journée s'annonce fort mal : ce matin, à l'entrée d'un
village, la pointe d'avant-garde a été reçue par une décharge à
bout portant et un cosaque a été tué. C'était le meilleur soldat
et le plus habile tireur de la troupe, celui-là même qui, à Tie-
ling, avait mis une balle au front de la Hing-teng-tchao. Ses
camarades l'aimaient, aussi lui préparent-ils une vengeance
terrible.

« Ils entourent le village d'où sont partis les coups de fusil, y
mettent le feu et massacrent impitoyablement les soldats et
même les habitants qui cherchent à s'échapper. Puis ils vont
successivement accomplir la même opération à deux lieues à la
ronde, partout où sont signalés des soldats chinois. Bientôt,
autour de nous, sept ou huit villages sont en flammes et les
routes sont semées de cadavres. C'est horrible! Mais pourquoi
les Chinois nous obligent-ils d'avoir recours à la terreur pour
ouvrir notre route?

« A dix heures, on s'arrête quelques instants dans une station
abandonnée, afin de prendre un peu de repos et de rendre, en
même temps, les derniers devoirs au soldat tué tout à l'heure.
Pendant les haltes, sept Boxeurs, pris à rôder autour du camp,
sont jugés sommairement et exécutés sur place à coups de
sabre. Puis on se réunit avant d'arriver à la vallée du Soungari.

« C'est au milieu d'un sombre tableau que s'effectue cette dernière étape. Derrière nous, la fumée des incendies allumés ce
matin obscurcit encore la plaine, tandis que, sur notre tête, le

ciel se couvre de nuages. Au moment où nous gravissons la dernière hauteur qui nous sépare du fleuve, l'orage éclate et la pluie se met à tomber par torrents.

« En quelques instants, les bas-fonds de la route se transforment en marécages, le chemin devient glissant, les chariots peuvent à peine avancer, tandis que nous-mêmes pataugeons misérablement, trempés jusqu'aux os. Cette fois, les soldats chinois vont avoir beau jeu !

« Soudain, entre deux coups de tonnerre, un hourra a retenti sur le sommet de la colline que l'avant-garde vient d'atteindre. Et, avec la rapidité de l'éclair, la bonne nouvelle circule de bouche en bouche jusqu'à l'extrémité de la colonne : le Soungari est libre ! Les soldats chinois qui nous attendaient encore ce matin, viennent d'être battus par cent cinquante cosaques envoyés de Harbin à notre secours et qui s'avancent vers nous. Le bateau et le chemin de fer fonctionnent. Nous sommes sauvés ! Cette fois, le vent et la pluie ont beau faire rage, c'est au milieu des chants d'allégresse que le convoi reprend sa marche, et du fond du cœur nous remercions Dieu, qui nous a si visiblement protégés.

« Il nous faut encore peiner pour arriver au Soungari ; l'orage ne cesse pas, la nuit tombe et la descente de la colline est extrêmement difficile pour les chariots. Enfin, à minuit, nous arrivons à la station au bord du fleuve. Les Chinois qui y logeaient la nuit derrière ont tout pillé. Un vapeur a été coulé pendant la bataille, mais il en reste encore un autre en bon état et qui nous conduira demain sur l'autre rive, où nous attend le train pour Harbin.

« Nous campons pour la dernière fois en plein air, ne sachant où trouver, au milieu de la boue, un endroit pour nous coucher ; mais peu importe, puisque demain nous serons au bout de nos misères. Et cette perspective remplace avantageusement le meilleur oreiller.

« Les préparatifs de l'embarquement n'ont été terminés qu'à quatre heures du soir. Le bateau a d'abord transporté les blessés, qui, immédiatement, ont été mis dans un train et dirigés sur Harbin.

« Vers neuf heures, nous montons nous-mêmes dans le vapeur, laissant nos chariots et nos chevaux entre les mains des cosaques; ceux-ci ne partent pas avec nous et restent ici pour tâcher de défendre la station et la partie encore intacte de la ligne.

« Une fois sur la rive gauche, nous nous installons dans le train, qui se met en branle vers onze heures du soir; c'est donc pendant la nuit que nous franchissons la distance entre le Soungari et Harbin.

« Je ne puis dire que cette nuit ait été bonne, car l'orage ne cesse pas et nous avons un demi-pied d'eau dans le wagon à bestiaux où nous nous trouvons. Mais qu'est-ce que cela quand on se sent à l'abri des Boxeurs!

« A Harbin, où l'on nous croyait morts depuis huit jours, on nous fait une réception triomphale. La musique militaire nous attend sur le quai, où sont réunies toutes les notabilités de la ville; c'est par de chaudes embrassades que ces messieurs accueillent nos ingénieurs et nos officiers à la descente du train. On avait entendu dire que les forces chinoises qui nous barraient la route s'élevaient à dix ou quinze mille hommes, et personne ne pensait que nous pussions échapper; déjà la nouvelle de la perte de notre colonne avait été télégraphiée à Saint-Pétersbourg.

« Des troïkas (voitures à trois chevaux) sont préparées pour nous à la gare, et on nous conduit immédiatement au théâtre de la ville, qui, en notre honneur, a été transformé en salle de banquet.

« On nous laisse à peine le temps de faire un brin de toilette, et dans l'état où nous sommes, avec nos habits qui ont reçu plus d'un accroc à la bataille, on nous invite à nous mettre à une table de deux cents couverts. Le festin, nous disent agréablement ces messieurs, y gagnera en pittoresque et en couleur locale.

« Les honneurs sont faits, comme de juste, aux héroïnes de notre petite troupe, et c'est Mme Kazy Guiry qui préside le banquet. On a la gracieuseté de mettre les sœurs et nous-mêmes dans les premiers rangs, près du général gouverneur et de M. Ingovitch, ingénieur en chef du Transmandchourien.

« Pendant le repas qui est très gai, comme on le pense, et qui change brusquement, mais très avantageusement, notre ordinaire, la musique militaire, dans une salle voisine, joue les plus beaux morceaux de la « *Vie pour le Tzar* ».

« Au dessert, commence une longue série de toasts : l'un d'eux est adressé aux missionnaires catholiques de Mandchourie, qui sont restés jusqu'au bout à leur poste. C'est le prêtre russe orthodoxe de Harbin qui nous fait cet honneur.

« Je m'empresse de le remercier, et en même temps je profite de cette occasion pour exprimer publiquement notre reconnaissance aux officiers et aux ingénieurs qui nous ont sauvé la vie.

« Je ne sais si je me suis exprimé élégamment, mais je puis dire que si jamais un toast a été porté avec conviction et du fond du cœur, c'est bien celui-là.

« Aussi est-ce avec enthousiasme que tout le monde boit à la santé de M. Kazy Guiry et du brave capitaine Gevoutski, qui malheureusement est absent, son devoir l'ayant retenu au Soungari. Quant au général en chef de Harbin, il est porté, à la fin du repas, en triomphe autour de la salle. »

De Harbin les missionnaires et les religieuses gagneront Khabarowska, puis Vladivostock, et enfin le Japon.

Pendant ce temps, quelques missionnaires, particulièrement ceux de San-tai-tze, les PP. Corbel et Caubrière, se défendaient avec acharnement contre les Boxeurs qu'aidaient les soldats réguliers.

Une de leurs lettres (7 juillet 1900) nous a fait connaître les périls au milieu desquels ils ont vécu, et leurs admirables sentiments de courage et de piété :

« Notre vie, à San-tai-tze, se partage entre les exercices de piété et les exercices militaires. Tout le monde a beaucoup d'entrain, est gai, chante. Chacun a son emploi, et tous, hommes, femmes et enfants, ont leur arme spéciale.

« Au signal donné, la troupe est sur le qui-vive, et chacun occupe le poste qui lui a été fixé. Un millier de soldats ne viendra pas facilement à bout de notre résistance. Si le vice-roi ne fournit pas de canons à nos agresseurs, nous avons l'espoir fondé de tout sauver. A la grâce de Dieu! Si nous devons périr, nous mourrons contents.

« Serions-nous fiers, le P. Caubrière et moi, d'arriver en Paradis avec nos mille chrétiens! Quelle belle escorte nous aurions là! Si nous partions d'ici, quelle désolation, quelle ruine! Voilà pourquoi, après avoir mûrement réfléchi, nous nous sommes décidés à rester au poste, nous confiant en la bonne Providence. »

Le sous-préfet de Leao-iang fit dire aux chrétiens de San-tai-tze que s'ils lui livraient le P. Corbel et le P. Caubrière et reniaient leur foi, il leur promettait sa protection. Les chrétiens répondirent qu'ils mourraient plutôt que de trahir leur religion et leurs prêtres.

Enfin les Russes, s'avançant de Port-Arthur vers Moukden, délivrèrent les missionnaires et les chrétiens de San-tai-tze.

Telle a été cette furieuse tempête, qui a détruit une partie du vicariat de la Mandchourie septentrionale, presque entièrement la mission de Mandchourie, puisque, dans cette dernière, une seule église, celle de Ing-tse, reste debout, afin sans doute que l'on y sonne le glas de tant d'œuvres ruinées, de tant de pieux édifices pillés et brûlés, d'évêques, de missionnaires, de prêtres indigènes, de religieuses et de chrétiens massacrés.

FIN

TABLE

——

31845. — Tours, impr. Mame.

TABLE